U0216947

● 泉州师范学院桐江学术著作出版基金资助出版

● 2021 年度福建省社科基金一般项目"福建重点生态区位商品林赎买对林农生计及森林生态保护影响研究(FJ2021B046)"成果

● 2019 年度泉州市科技计划项目"现代信息技术和生态服务付费(PES)耦合提升泉州生态功能的路径研究与设计(2019N114S)"成果

重点生态区位商品林赎买研究

吴庆春 著

厦门大学出版社
XIAMEN UNIVERSITY PRESS
国家一级出版社
全国百佳图书出版单位

图书在版编目（CIP）数据

重点生态区位商品林赎买研究 / 吴庆春著. -- 厦门 ：
厦门大学出版社，2024.12. -- ISBN 978-7-5615-9445
-2

Ⅰ. S759.3

中国国家版本馆 CIP 数据核字第 2024A5F637 号

责任编辑　郑　丹
美术编辑　李嘉彬
技术编辑　许克华

出版发行　厦门大学出版社

社　　址　厦门市软件园二期望海路39号

邮政编码　361008

总　　机　0592-2181111　0592-2181406(传真)

营销中心　0592-2184458　0592-2181365

网　　址　http://www.xmupress.com

邮　　箱　xmup@xmupress.com

印　　刷　厦门集大印刷有限公司

开本　720 mm×1 020 mm　1/16

印张　13.75

插页　2

字数　202 千字

版次　2024 年 12 月第 1 版

印次　2024 年 12 月第 1 次印刷

定价　55.00 元

厦门大学出版社
微信二维码

厦门大学出版社
微博二维码

前　言

生态文明建设不仅是中华民族可持续发展的基本方略,也是关系民生的重大社会问题。为全面贯彻党的十八大精神和习近平生态文明思想,重点生态区位商品林赎买政策于 2017 年首次在福建省试点实施,其改革意义主要是为破解生态保护与林农利益的矛盾、创新重点生态区位商品林经营管理模式、优化生态公益林布局。重点生态区位商品林赎买政策实施至今已经 7 年,其对林农生计和森林生态保护的影响已成为一个重要的研究方向。

为探讨重点生态区位商品林赎买政策对林农生计和森林生态保护的影响,本书在论述重点生态区位商品林赎买对林农生计和森林生态保护影响机理的基础上,通过实证研究揭示重点生态区位商品林赎买对林农生计的影响,并在论证重点生态区位商品林赎买对森林生态保护影响的基础上,进一步探索林农生计和森林生态保护的权衡关系。

本书的主要研究内容有 3 个。第一,重点生态区位商品林赎买对林农生计的影响。本书通过赎买对林农家庭收入及劳动力要素的非农化配置两个方面的影响,探讨了重点生态区位商品林赎买对林农生计的影响机理,通过应用基于反事实的政策评估双重差分(differences in differences,DID)计量经济模型论证重点生态区位商品林赎买给林农生计带来的影响;应用结构方程模型(structural equation modeling,SEM)论证重点生态区位商品林赎买提升林农生计的路径;应用基于反事实的政策评估双重差分(DID)计量经济模型论证重点生态区位商品林赎买政策对林农家庭就业结构的影响;应用分位数回归和Logistic回归分析方法论证重点生态区位商品林赎买影响林农家庭就业结构时存在的由物质资本和人力资本差异带来的异质性。第二,重点生态区位商品林赎买对森林生态保护的影响。森林生态保护效果和林业生产性投入有密切的联系,林业生产性投入影响林农森林生态保护行为并由此影响森林生态保护效果。本书采用固定效应模型对该假说进行论证,探讨重点生态区位商品林赎买对森林生态保护的影响。第三,林农生计与森林生态保护的关系。生态环境与生计策略之间的影响是双向且复杂的,生计策略的转变对环境造成影响,同时,生态环境的变化又促进了生计策略的转型。本书运用基于反事实的政策评估双重差分(DID)计量经济模型对重点生态区位商品林赎买政策实施背景下林农生计与森林生态保护的权衡关系进行实证。

本书的主要研究结论有:

第一,重点生态区位商品林赎买政策的实施有助于改善林农生计。

第二,重点生态区位商品林赎买政策改善林农生计的路径主要包括直接影响路径和间接影响路径,直接影响路径表现为赎买政策补贴促进了林农家庭收入的提升,间接影响路径表现为赎买政策促进了劳动力转移(就业结构改善)和放松了流动性约束并因此促进了林农家庭收入的提升。

第三,重点生态区位商品林赎买政策在促进林农家庭就业结构改善方面存在物质资本和人力资本差异带来的异质性。赎买政策实施前,流动性水平较低的家庭在参与重点生态区位商品林赎买政策并获得补偿以后,其流动性约束将比流动性水平较高的家庭更为缓解,更容易获取非农就业机会,同时人力资本较好(平均受教育水平较高和 16 周岁以上人口较多)的林农家庭在参与重点生态区位商品林赎买政策并获得补偿以后,将更容易获取非农就业机会。

第四,重点生态区位商品林赎买通过增加林业生产性投入增强了林农森林生态保护行为进而提升了森林生态保护效果。

第五,林农生计和森林生态保护效果之间存在正向的相关关系,即林农生计的提升有助于改善森林生态保护效果,森林生态保护效果的提升也会促进林农生计的改善。

基于上述研究结论,提出如下建议:一是防范商品林赎买可能给林农家庭带来的风险传导效应;二是提升林农受教育水平并促进赎买后的非农劳动转移;三是完善商品林赎买激励机制进而提高林农赎买积极性;四是多举措多渠道增强赎买后林农可持续性生计能力。

吴庆春

2024 年 4 月

目　录

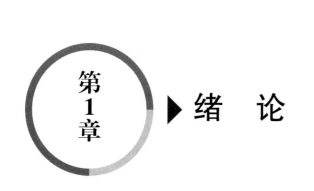

第1章 ▶ 绪 论

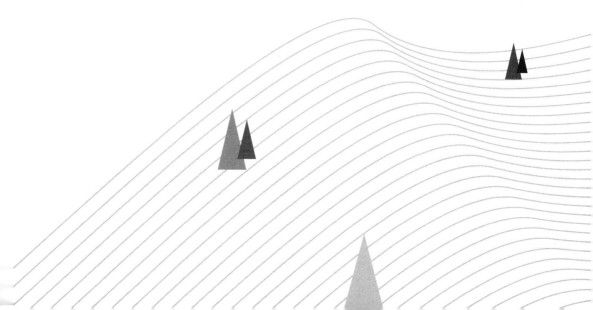

"绿水青山就是金山银山"是习近平生态文明思想的重要内容。其充分体现了马克思主义的辩证观点,系统剖析了经济与生态在演进过程中的相互关系,深刻揭示了经济社会发展的基本规律。党的十八大以来,生态文明建设不断深化,理论和实践不断创新,2015年开始试点并于2017年正式出台方案的重点生态区位商品林赎买政策作为森林生态效益补偿政策的又一创新举措,力图在进一步提升森林生态保护效果的同时促进林农生计的改善。实践中,该项政策能否达成预期的目标,需要进行系统的田野调查和分析论证才能知晓。理论上,也需要对重点生态区位商品林赎买的科学内涵、运行机理、实施路径进行归纳、总结,形成科学、系统的结论,并在其内容上完成理论的升华。基于此,本书主要探讨重点生态区位商品林赎买对林农生计和森林生态保护的影响,力图丰富和完善森林生态效益补偿的理论范式,同时提出关于重点生态区位商品林赎买的政策建议,分析在这样的政策背景下林农生计和森林生态保护间的矛盾关系,并提出破解这一矛盾的方法和路径,践行"绿水青山就是金山银山"的理念。

　　本章在详细阐述选题目的和意义、国内外研究动态的基础上,对研究目标与内容、研究思路与方法、研究技术路线和创新点进行了诠释。

1.1　研究背景、问题提出和研究意义

1.1.1　研究背景

2012 年 11 月,党的十八大从新的历史起点出发,做出"大力推进生态文明建设"的战略决策,从 10 个方面绘出生态文明建设的宏伟蓝图。习近平同志在十九大报告中指出,加快生态文明体制改革,建设美丽中国。改善民生和保护生态已引起社会各方的广泛关注。全国森林覆盖率由新中国成立之时的 8% 提升到 2023 年的超过 25%。其中,公益林在改善生态环境、保持生态平衡和保护生物多样性等方面发挥着重要的生态效益。然而,公益林的生态效益具有显著的外部经济性,其效益由全社会成员共同享受,成本却由广大林区农户负担,这将直接制约农户参与公益林建设的积极性,因此必须对公益林的生态效益进行补偿。生态补偿机制作为一种新的环境政策工具,有助于协调生态环境保护和农村经济发展的矛盾,这也成为研究者和决策者们关注的焦点。由于公益林生态效益补偿政策更多强调"有效保护和发展公益林资源,维护生态安全",故而不可避免地与林农生计存在相悖的一面。

根据《国家级重点公益林区划界定办法》,目前,全国重点公益林实际认定面积达到 1.05×10^8 亿平方公顷,约占全国林地总面积的 37.2%。根据《中央财政森林生态效益补偿基金管理办法》,中央财政补偿基金平均标准为每年每亩 5 元,其中 4.75 元用于国有林业单位、

集体和个人的管护等开支;0.25 元由省级财政部门(含新疆生产建设兵团财务局)列支,用于省级林业主管部门(含新疆生产建设兵团林业局)组织开展的重点公益林管护情况检查验收、跨重点公益林区域开设防火隔离带等森林火灾预防以及维护林区道路的开支。随着认定的公益林面积的增大,一方面加大了中央的财政压力,另一方面也影响到了林农的生计。一般认为,随着农户林地面积纳入生态公益林建设范围,农户无法自主行使林地的经营权,而单纯依靠政府的经济补助不可能从根本上解决这些居民的生存问题,因此给当地群众收入会带来相当的负外部性影响。农村的生活能源消费主要依赖于薪材,一旦农户经营林地划入生态公益林,则影响薪材的砍伐,进而使得农户传统的通过获取薪材以满足日常能源消费的方式受到限制。森林生态保护与林农生计间存在着不可避免的冲突,而怎么解决这种冲突成为重要的研究课题。

森林作为重要的自然资源、生态资源和经济资源,对于实现社会、经济、生态等协调发展具有重要影响,也是全球向绿色、循环、低碳经济发展方式转变所依托的重要基础。森林生态效益补偿制度就是一项旨在提高森林可持续经营能力,兼顾相关主体利益,协调经济发展与森林保护矛盾,切实发挥森林各方面功能的制度设计。我国自 20世纪 80 年代后期开始进行研究森林生态效益补偿制度。经历了 1984年通过、1998 年第一次修正、2009 年第二次修正、2019 年修订的《中华人民共和国森林法》(以下简称《森林法》),确立了"国家建立森林生态效益补偿制度,加大公益林保护支持力度,完善重点生态功能区转移支付政策,指导受益地区和森林生态保护地区人民政府通过协商等方式进行生态效益补偿"的法律制度。为贯彻落实《森林法》的规定,2001 年国家在 11 个省、自治区开展了森林生态效益补助资金试点工作,中央财政对河北、辽宁、黑龙江等 11 个省、自治区的 2 亿亩重点公益林进行森林生态效益补助试点。在 3 年试点取得成功的基础上,国家林业局和财政部于 2004 年联合发布了《森林生态效益补偿基金管理办法》，对补偿基金的使用和管理做出了明确的规定，并于 2007 年进行了修订，制定了《中央财政森林生态效益补偿基金管理办法》。2005 年，《中共中央关于制定国民经济和社会发展第十一个五年规划的建议》首次提出"按照谁开发谁保护、谁受益谁补偿的原则，加快建立生态补偿机制"，之后，中共中央、国务院每年都把生态效益补偿机制建设列为年度工作要点。党的十八大提出"深化资源性产品价格和税费改革，建立反映市场供求和资源稀缺程度、体现生态价值和代际补偿的资源有偿使用制度和生态补偿制度"。党的十八届三中全会提出市场在资源配置中发挥决定性作用，提出"坚持谁受益、谁补偿原则，完善对重点生态功能区的生态补偿机制，推动地区间建立横向生态补偿制度"；把重点生态功能区和地区间横向生态补偿作为制度建设的重点。党的十八届四中全会进一步要求用严格的法律制度保护生态环境。2016 年 5 月，《国务院办公厅关于健全生态保护补偿机制的意见》，指出"到 2020 年，实现森林、草原、湿地、荒漠、海洋、水流、耕地等重点领域和禁止开发区域、重点生态功能区等重要区域生态保护补偿全覆盖"。生态保护补偿的顶层设计获得重大进展。"生态补偿"的概念变更为"生态保护补偿"。党的十九大明确提出"建立市场化、多元化生态补偿机制"的要求，为生态补偿提出了新要求。《中共中央国务院关于实施乡村振兴战略的意见》明确提出"鼓励地方在重点生态区位推行商品林赎买制度"。政策和法规的不断健全为森林生态效益补偿的开展提供了良好的契机。在这样的背景下，研究重点生态区位商品林赎买是否能改善林农生计、提升森林生态保护效果具有重要的意义。

2017 年福建省政府正式推出《福建省重点生态区位商品林赎买等改革试点方案》，这是在 2015 年开展试点成功的基础上实施的，福建重点生态区位商品林赎买是森林生态效益补偿的一个创新，属于区域生态补偿机制。通过福建重点生态区位商品林赎买对林农生计及森林生态保护的影响的研究，我们可以观察森林生态效益补偿与林农生

计变化、森林生态保护之间的因果关系。

1.1.2　问题提出

当前,我国的生态保护及其相关的污染防治存在共同的问题,即:由于环境利益及相关的经济利益在保护者、破坏者、受益者和受害者之间的不公平分配,保护者得不到应有的经济回报,国家缺乏保护的经济激励;破坏者未能承担破坏环境的责任和成本;受害者得不到应有的经济赔偿。这种环境及其经济利益关系的扭曲,不仅使中国的生态保护面临很大困难,而且也威胁着地区间、人群间的协调发展。要解决这类问题,必须建立一种能通过调整相关利益主体的利益分配关系,达到激励生态保护行为目的的政策。建立生态效益补偿机制既是有效保护生态环境的紧迫需要,也是建立和谐社会的重要措施,具有重要的战略意义。而作为区域生态补偿机制的重点生态区位商品林赎买,具有森林生态效益补偿的一般特征,同时也具有其特殊性。其背后的理论范式基于生态效益补偿范畴。

通过创建市场或者准市场,森林生态效益补偿把生态服务的提供者(卖方)和直接或间接受益者(买方)以合约的形式联系起来,把原来无价的生态服务变为有价的服务。生态效益补偿机制的直接和有条件合约有别于传统综合保护与发展项目。通过创建市场或准市场对外部性进行内部化,如中国退耕还林(草)工程等,改变了森林资源保护的政策与策略选择,可以矫正市场失灵,降低信息不对称,改善市场环境,为决策者提供价格信号和解决保护投入不足的问题。

对中国生态效益补偿的影响的研究表明,不同生态资源和生态补偿方式对生态补偿主客体、标准、措施和效率产生的影响不同。一些学者开始关注生态补偿增收和减贫效应。但目前,尚缺乏采用规范的经济学范式对多种多样的森林生态效益补偿形式进行比较分析,探索影响多元化与市场化森林生态效益补偿机制及其生态和社会经济效果的因素。森林生态系统功能和生态系统服务供给能力的动态变化是一个长期过程,需要采用更为长期的数据与信息,研究森林生态效益补偿机制及其对森林资源与农户生计及区域经济发展的影响。

作为一种特殊的区域生态补偿机制,重点生态区位商品林赎买政策的推出主要基于三个方面的改革意义:(1)破解生态保护与林农利益的矛盾;(2)创新重点生态区位商品林经营管理模式;(3)优化生态公益林布局。

基于以上研究背景,以福建重点生态区位商品林赎买为例来研究"重点生态区位商品林赎买是否能达到预期的生态效益和经济效益?其影响机制和路径是什么?林农生计受到哪方面的影响?这种影响是积极的,还是消极的?森林生态保护是否得到改善?林农的生计和森林生态保护之间的关系如何?",将较大地丰富森林生态效益补偿现有的研究。

1.1.3　研究意义

1.1.3.1　理论意义

第一,生态效益补偿是否能实现生态保护和生计发展双赢目标一直是理论的热点和难点。森林生态效益补偿最初是为发展中国家设计的政策工具,主要是针对"益贫式"生态保护。发展中国家和发达国家生态补偿项目存在明显差异,发达国家的生态补偿项目在于获得生态服务的增量,而发展中国家的生态补偿项目在于避免进一步的生态系统服务的损失。目前森林生态效益补偿研究主要聚焦于补偿标准、补偿机制、补偿意愿和效益评估等方面,比较少探讨森林生态效益补偿的生计和生态保护关系问题。作为一种新的区域生态效益补偿机制,重点生态区位商品林赎买政策的实施给了我们观察森林生态效益补偿机制的又一视角,研究其对林农生计和森林生态保护的影响,可以观察生态效益补偿是否能实现森林生态保护和林农生计发展的双重目标,对生态效益补偿理论研究有显著意义。

第二,重点生态区位商品林赎买政策实施至今已经 7 年,对其研究主要集中在政策、理论范式、模式比较、资金来源、利益分配、认知及意愿等方面,而重点生态区位商品林赎买的政策目标是"生态得保护,林农得利益",也就是赎买政策生态效益和经济效益的统一,但相关文献还没涉及这一方面的内容,研究重点生态区位商品林赎买对林农生计及森林生态保护的影响恰好是对重点生态区位商品林赎买政策生态效益和经济效益是否统一的论证,是对重点生态区位商品林赎买政策目标是否达成的系统研究,因而具有显著的理论意义。

第三,生计研究为综合分析复杂、高度动态的农村环境提供了一个独特且重要的视角。以生计和环境变化为重点的研究是 20 世纪 90 年代以来关于农村研究的重点。可持续生计理论详细论述了脆弱性环境、生计资本、转化结构与过程、生计策略、生计结果等内容,重点生态区位商品林赎买基于何种环境背景,赎买主体林农具有何种生计资本,赎买过程涉及何种转化结构与过程,林农采取何种生计策略,赎买后面临何种生计结果,这些是本书研究的主要内容,而这恰好是可持续生计理论的拓展和现实体现,因而具有显著的理论意义。

1.1.3.2 实践意义

重点生态区位商品林赎买政策的推出是为了"完善森林生态保护补偿制度,创新重点生态区位商品林的经营管理模式,建立重点生态区位商品林长效管理机制",并力图破解生态保护和林农利益的矛盾,实现"生态得保护,林农得利益"的双赢目标。但在实践中,重点生态区位商品林赎买政策能否真正破解林农生计和森林生态保护的矛盾?该项政策对林农生计将产生什么影响?通过何种路径产生影响?在保护林农利益的同时是否会影响森林生态保护?如何影响?在促进森林生态保护的同时是否会影响林农生计?如何影响?关于这些问题的答案,需要对政策在实践中产生的效果进行调查,并通过规范的经济学范式进行研究才能得出,而目前学界还未有关于这些方面的系统研究,这是本书研究的实践意义所在。

通过重点生态区位商品林赎买政策对林农生计和森林生态保护的影响的研究框架得出的研究成果将有利于判断该项政策的效率和效果,有利于了解政策实现其预期目标所借助的机制和路径,这对政策的后期实施将有较大的助益。同时,科学研究和探讨重点生态区位商品林赎买对林农生计及森林生态保护的影响,也将有利于观察多元化森林生态效益补偿机制产生的作用机理,有利于未来其他森林生态效益补偿机制的实施。这是本书研究的另一实践意义。

1.2 研究动态

1.2.1 生态系统服务付费研究

从理论范式来讲,重点生态区位商品林赎买属于区域生态效益补偿机制,而国内的生态效益补偿在国际上对应的概念为生态系统服务付费(payments for ecosystem services,PES)或环境服务付费(payments for environmental services)。生态系统服务付费的起源要追溯至生态系统服务概念的提出。关于生态系统服务概念的探讨始于 20 世纪 70 年代末,首先将有益的生态系统功能纳入生态系统服务的概念框架,以提高公众对生物多样性保护的兴趣[①]。到 20 世纪 90 年代,生态系统服务的概念逐渐成为生态经济相关研究文献的关注热点[②③],同时评估生态系统服务经济价值的研究开始兴起[④]。之后,联合国于 2001 年启动的"千年生态系统评估"(the millennium ecosys-

---

① Westman W E. How much are nature's services worth? [J]. Science, 1977, 197:960-964.

② Costanza R, Daily H E. Natural capital and sustainable development[J]. Conservation Biology, 1992, 6(1):37-46.

③ Daly H E. Georgescu-Roegen versus Solow/Stiglitz[J]. Ecological Economics, 1997, 22(3):261-266.

④ Costanza R, D'Arge R, Groot R, et al. The value of the world's ecosystem services and natural capital[J]. Nature, 1997, 387:253-260.

tem assessment,MA)①将生态系统服务纳入政策议题,相关研究文献随之呈指数增长。在强调以人类为中心的同时,MA 强调人类不仅依赖生态系统服务,而且依赖基本的生态系统功能,这有助于使生物多样性和生态过程对提高人类福祉的作用得到重视。与此同时,PES 作为一种基于市场机制的环境保护工具开始出现,并作为政府经济决策的工具选项。随着全球人口和经济的快速增长,对生态系统服务的需求显著提升,而生态系统服务的供给急剧下降。虽然并非所有的自然资本转换都是不可取的,但由于存在许多形式的市场失灵,如外部性的存在、企业的公益性质、不完善的产权以及知识和信息不足,自然资本的损耗往往远大于社会最优水平。在这一背景下,PES 作为一种解决市场失灵的工具开始出现并被发达国家和发展中国家大量采用,如美国、欧洲、哥斯达黎加、墨西哥、巴西、越南等国家和地区均有许多基于 PES 的国家级生态保护项目。著名生态学家 Wunder 提出了 PES 的定义,即满足下列条件的自愿交易:(1)交易对象为得到明确界定的环境服务或可确保该服务的土地用途;(2)至少有一个服务商提供服务;(3)向至少一个服务提供商"购买";(4)当且仅当服务提供者确保提供服务(条件)②。随着理论和实践的进一步发展,Wunder 将 PES 的定义进一步修正为"服务用户和服务提供者之间以商定的自然资源管理规则为条件生成场外服务的自愿交易"③。

1.2.1.1 生态系统服务付费的逻辑

在 PES 由起源到发展的阶段,伴随着对其存在逻辑的探讨。PES

---

① Millennium Ecosystem Assessment. Ecosystems and human well-being: a framework for assessment[M].Washington DC:Island Press,2003:212.

② Wunder S.Payments for environmental services:some nuts and bolts[M].Bogor,Indonesia:CIFOR,2005,42:1-24.

③ Wunder S.Revisiting the concept of payments for environmental services[J]. Ecological Economics,2015,117:234-243.

作为一种创新的经济干预方法,用以抵消全球生物多样性和生态系统功能的丧失,在理论上具有生态保护计划的典型概念逻辑(图 1-1)①。在图 1-1 中,横轴表示林业生产力从低到高排序的林地,纵轴表示价值。根据这一典型概念逻辑,如果参与的机会成本较低,例如将森林转化为农业生产或生产和销售木材的收益低于 PES 项目付款,林地所有者将参与 PES 项目;反之,如果将森林转化为农业生产或生产和销售木材的收益高于 PES 项目付款,那么林地所有者会将林地转化为农业生产用途,而且不会参与 PES 项目。还有另外一种情况,有些林地的农业生产力或者木材生产价值非常低,即使在没有 PES 项目的情况下也不会转化为农业生产用途,同时林地上的林木也不会被砍伐用于销售,因而森林依然存在。因此,参与 PES 项目的林地必须是林地农业租金小于 PES 项目付款的林地,如果林地的农业租金大于 PES 项目付款,则林地将被转为农业生产用途,同时不会参与 PES 项目。

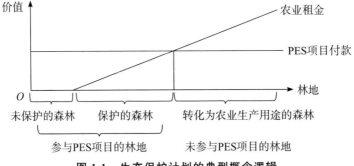

图 1-1　生态保护计划的典型概念逻辑

为了进一步阐明存在 PES 实践的逻辑,Pagiola 等深入探讨了 PES 的逻辑基础,并以森林生态保护项目为例进行分析,认为如果系统考察 PES 项目的参与者,包括生态系统管理者和生态系统服务受

① Arriagada R,Villasenor A,Rubiano E,et al.Analysing the impacts of PES programmes beyond economic rationale:perceptions of ecosystem services provision associated to the Mexican case[J].Ecosystem Services,2018,29:116-127.

益者(下游人口和其他受益者),则 PES 的逻辑可用图 1-2 表示[①]。

通过图 1-2 可以得知 3 种不同情况下的收益与成本:(1)森林转变为牧场。生态系统管理者获得了收益,但下游人口和其他受益者承担了很大的环境成本(损失),包括供水的减少、生物多样性的损失和二氧化碳排放的增加等。(2)森林在不存在 PES 的情况下被保护。生态系统管理者收益减少,但下游人口和其他受益者不再遭受环境成本的损失。(3)下游人口和其他受益者对森林保护进行付费。生态系统管理者获得较大收益,森林得到保护,下游人口其他受益者也获得了生态变好的收益。由此可见,PES 的存在对生态系统管理者和下游人口及其他受益者等均有好处。其中,最小支付和最大支付在图 1-2 中均有明显体现。最小支付指森林受保护与转变为牧场时生态系统管理者获得的收益之差。最大支付指下游人口和其他受益者愿意支付的最大 PES 项目付款,其等于森林转变为牧场时下游人口和其他受益者的最大损失。因此,对生态系统管理者来说,参与 PES 项目获得的付款和森林保护收益之和大于森林转变为牧场的收益,这将激励其保护森林的行为,使森林得到更好的保护。因此,PES 项目可将外部性内部化。

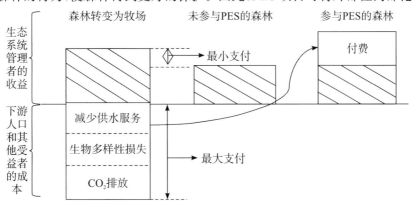

图 1-2　生态系统服务付费(PES)的逻辑

① Pagiola S,Platais G.Payments for environmental services:from theory to practice[M].Washington DC:World Bank,2007:458.

实际上,PES项目试图将科斯定理付诸实践,即在一定条件下外部性的问题可以通过受影响方之间的私下协商来解决,这被称为"科斯型PES"。但在某些情况下,高交易成本、失衡的权力或界定不清的产权,可能会影响科斯型PES的效率。因此,PES的概念后来被扩展到某些类型的政府干预,与单纯基于市场的科斯型PES不同,这些干预可以被视为类PES的机制。这种PES概念更符合经济学家阿瑟·塞西尔·庇古的观点,被称为"庇古型PES"。庇古认为,应通过提倡环境税收和补贴来纠正负外部性。庇古型PES被看作对生态系统服务提供者补贴与生态系统服务需求者付费的结合。科斯型PES和庇古型PES实际上代表着PES更加注重效率还是更加注重公平,也就是公平与效率的权衡。

1.2.1.2 生态系统服务付费中的公平和效率权衡

生态系统服务付费的效率与公平问题,实际上分别代表了科斯型PES和庇古型PES的关注重点。科斯型PES是一种基于市场的工具,通过"对生态系统服务界定价格"来内化环境外部性;或者创造一个市场,通过支付"提供有价值的生态系统服务所需的土地管理变革的机会成本"来实现生态系统服务的供给。因此,科斯型PES可以通过市场的手段来提高经济效率,达到保护环境的目的。但科斯型PES往往忽视公平的问题,其认为经济效率的提高可以独立于产权的分配,并因此更为关注整体经济效率的提高而非经济效益在各个经济主体间的分配。但公平问题也不可忽视,因为旨在获得有效结果的PES项目可能会改变(有时还会加强)现有的权力结构导致获得资源方面的不平等,从而产生重大的公平影响。重视生态系统服务付费的公平问题则是庇古型PES的核心要义。当前,有大量PES研究文献关注弱势群体参与PES项目的资格、能力和意愿等问题。PES能否在保证弱势群体利益的基础上实现效率的提高,以及能否出现扶贫和实现生态效益双赢的局面成为当前PES研究的重点。

　　为了探讨 PES 的公平与效率权衡问题,必须从何为公平、何为效率入手。人类社会在成员之间分配资源的规则以及他们对这种分配的满足感均存在差异,并且在不断发生变化。这意味着公平的含义是每个社会所必须考虑的,而且其还会随着时间的推移而变化。公平的概念与公平和正义的思想密切相关,有时这两者很难加以区分。公平可指程序公正(参与决策)或分配公正(分配结果)。PES 项目中的公平问题包括参与决策的程序公正和分配结果的分配公正。鉴于程序公正涉及 PES 项目的设计问题,本书不进行讨论。根据 Corbera 等对公平所下的定义,其涉及按照商定的一套规则或标准在一个社会中分配社会经济资源和产品,侧重于分配公正①。而 PES 的效率问题实际上是"PES 项目能够在多大程度上实现其预定的目标"。有一些重要的文献分析了实现帕累托意义上的有效干预所需的条件②,因为提供生态系统服务原则上可以通过各种其他干预措施:指挥和控制、税收、补贴等来实现,PES 效率的研究应该相对于通过任何替代政策手段实现相同结果的成本进行评估。对此,Pagiola 提供了一个分析 PES 项目有效性的框架(图 1-3),它从土地利用者的利润(水平轴)和他们为他人提供的生态系统服务的净值(垂直轴)的角度,根据他们的净私人盈利能力来映射土地使用③。

　　如图 1-3 所示,A、B、C、D 分别代表参与 PES 项目的 4 种不同情况。Ⅰ象限的任何实践都是"双赢"的,即在为利用土地的人创造利润的同时产生正外部性;Ⅲ象限的任何实践则都是"双输"的,即在土地利用者亏损的同时产生负外部性;在Ⅳ象限,土地利用行为是有利可

　　①　Corbera E,Brown K,Adger W N.The equity and legitimacy of markets for ecosystem services[J].Development and Change,2007,38(4):587-613.

　　②　Engel S,Pagiola S,Wunder S.Designing payments for environmental services in theory and practice:an overview of the issues[J].Ecological Economics,2008,62(4):663-674.

　　③　Pagiola S. Assessing the efficiency of payments for environmental services programs:a framework for analysis[M].Washington DC:World Bank,2005:228.

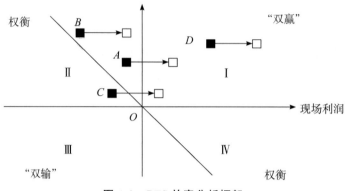

图 1-3 PES 效率分析框架

图的，但会产生负的外部性；在 II 象限，土地利用者的做法是无利可图的，但会产生正的外部性。45°线将社会总价值（现场利润加上生态系统服务价值，也即土地利用者的收益和生态系统服务收益之和）为正的实践与社会总价值为负的实践区分开。PES 项目的目标是使参与PES 项目前不盈利的土地利用者参与 PES 项目，通过提供社会需要的生态系统服务获取收益，也就是 A 所代表的情况。另外 3 种情况（B、C、D）代表低效率的 PES 项目参与。B 为 PES 支付的款项不足以鼓励采用社会需要的土地用途，从而导致社会不需要的土地用途继续使用（社会效率低下）；C 为鼓励采用提供生态系统/环境服务但成本高于生态系统服务价值的社会不需要的土地用途（社会效率低下）；D 为采用本来无论如何都会采用的做法支付费用（即使在没有 PES存在的情况下也会提供生态系统服务，也就是缺乏额外性）。

那么 PES 项目如何在公平与效率间进行权衡？PES 项目的"效率效应"被理解为该项目对社会产生的总福利效应与实施该项目所产生的总成本之间的差异。效率效应可以利用收益—成本方法，通过衡量收入来评估。PES 项目的"公平效应"通常可解释为在给定一个公平标准的前提下，与基线情景相比，该项目在一组参与者中的净影响。在效率与公平效应方面，PES 的结果取决于生态、经济和制度因素。

对此,Unai 等引入"公平—效率权衡曲线"①来描述任何一项 PES 项目的公平和效率组合(图 1-4)。

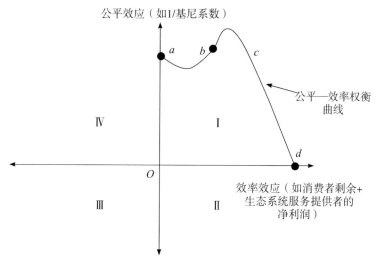

图 1-4　PES 的公平—效率权衡曲线

图 1-4 包括 2 个正交轴,定义了 4 个象限,与关于公平和效率的积极和消极影响的理论组合有关。这个图形描述了无数其他可能的公平—效率曲线中的一条潜在的公平—效率曲线。假设其位于象限 I,其中效率和公平等 2 个效应都是积极的。图中显示出的公平—效率曲线由不同的部分组成,其中沿曲线的移动以点 a 和 d 为界,可以显示公平与效率效应之间的权衡。当然,理论上不同的 PES 项目的公平—效率权衡曲线可能位于不同的象限,在同一象限也可能有无数条公平—效率权衡曲线,每条曲线对应着一种基本的公平—效率标准。为了说明问题,Unai 等进一步假设有这样一个提供生态系统服务(上游森林保护)的社区,其公平效应可以根据收入基尼系数计算,其效率效应可以用消费者和生产者盈余的总变化减去交易成本来衡量,因此

————————

① Pascual U,Muradian R,Luis C,et al.Exploring the links between equity and efficiency in payments for environmental services:a conceptual approach[J].Ecological Economics,2010,69(6):1237-1244.

得到一条图 1-5 所示的公平—效率权衡曲线（IC 曲线）①。

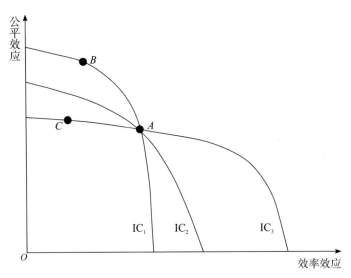

图 1-5　不同公平—效率标准下的公平—效率权衡曲线

根据图 1-5，IC 曲线与纵轴（公平效应）的交点将代表在生态系统服务提供者收入再分配方面可以实现的最大公平效应。这一极端点可能会说明一种情况，即生态系统服务的最多购买者将根据其最大支付意愿来支付费用，这时生态系统服务提供者获得了最大的收益并容易进行公平分配。然而，这一点可能是以降低效率为代价的，这种标准可能与最高的潜在环境额外性无关。此外，IC 曲线与横轴（效率效应）的交点将描述一种情况，即生态系统服务的买方发挥其最大的市场力量，以便向生态系统服务提供者支付他愿意接受的最低费用，效率很高，但此时生态系统服务提供者获得的收益很低，不容易进行公平分配。通常，PES 会产生公平和效率的效应应该在 IC 曲线的这 2 个极端点之间。这是因为中介机构倾向于在生态系统服务买方的利益（旨在以尽可能低的成本最大化额外性）和生态系统服务提供者（卖

---

① Pascual U，Muradian R，Luis C，et al.Exploring the links between equity and efficiency in payments for environmental services：a conceptual approach[J].Ecological Economics，2010，69(6)：1237-1244.

方)的社会、生态目标之间进行权衡,可能出现的情况是 A 点,在公平与效率之间进行符合预期的权衡。

如前所述,对 PES 效率与公平的不同侧重实际上是科斯型 PES 和庇古型 PES 的主要区别,而对 PES 在效率与公平间的权衡实际上是 PES 更为注重市场机制的作用还是政府干预(制度)的作用的区别,因为市场机制更为强调效率,而政府干预的制度机制更为强调公平。

1.2.1.3 生态系统服务付费中的生计问题研究

关于 PES 的生计问题研究,是研究 PES 经济效益问题的重要内容。进入 21 世纪以来,生计观点一直是农村发展的核心。但是,这些观点从何而来,它们的概念根源是什么,以及它们的产生方式受到了哪些影响? Scoones 对此做出较为系统的回答①。作为一个变化和灵活的术语,"生计"范围较广,涉及地方(农村或城市生计)、职业(农业、畜牧业或渔业生计)、社会差异(性别、年龄界定的生计)、方向(生计途径、轨迹)、动态模式(可持续或有复原力的生计)等。

生计观点从不同地方不同的人如何生活开始。文献中提供了各种定义,例如,"谋生手段"(Chambers 于 1992 提出)②或"所使用的资源和为生活而开展活动的组合"(Chambers 于 1995 提出)③。作为一个术语,"可持续"、"农村"和"生计"这三个词的联系约是 1986 年首次在日内瓦提出的。但直到 1992 年,才由 Chambers 和 Conway 提出一个广泛使用的可持续生计定义:生计包括能力、资产(包括物质和社会

① Scoones I.Livelihoods perspectives and rural development[J].The Journal of Peasant Studies,2009,36(1):171-196.

② Chambers R,Conway G R.Sustainable rural livelihoods:practical concepts for the 21st century[M].Brighton:IDS discussion paper,1992:296.

③ Chambers R.Poverty and livelihoods:whose reality counts? [J].Environment and Urbanization,1995,7(1):173-204.

资源)和谋生手段的活动。同时其认为生计是可持续的,只要它能够应付和摆脱压力和冲击,保持或加强其能力和资产,同时不破坏自然资源基础。这是 20 世纪 90 年代对可持续农村生计进行研究的起点。经济学家 Stiglitz[①]、North[②]、Bebbington[③]、Sen[④] 等都从经济学或制度经济学的角度开始探讨农村生计问题和环境的关系。

Scoones 于 1998 年系统提出可持续生计框架,特别是将投入(指定为"资本"或"资产")和产出(生计战略)联系起来,同时将一般领域(贫困线和就业水平)与更广泛的框架(福利和可持续性)结合起来。生计框架的投入—产出—收入要素当然很容易被经济学家认识到,并且易于进行定量分析和应用问卷调研。但是生计分析从未超出这一范围,错过了更广泛的社会和制度层面的探讨。在经济学层面上,将自然资本(环境)的变化与社会和经济层面联系起来是向前迈出的重要一步。例如,Bebbington[⑤] 将资产视为"工具行动(谋生)、解释性行动(使生活有意义)和解放行动(挑战谋生的结构)"。未来的一个核心研究方向必须是将生计思想和对当地环境的影响与对全球环境变化的关切相结合。这也正是本书关注林农生计问题的重要原因。

①　Stiglitz J.Some theoretical aspects of agricultural polices[J].The World Bank Research Observer,1987,1:43-60.

②　North D C.Institutions,Institutional change and economic performance[M]. Cambridge:Cambridge University Press,1990:30-63.

③　Bebbington A.Capitals and capabilities:a framework for analyzing peasant viability,rural livelihoods and poverty[J]. World Development, 1999, 27(12):2021-2044.

④　Sen A.Poverty and famines.An essay on entitlement and deprivation[M].Oxford:Oxford University Press,1981.

⑤　Bebbington A.Capitals and capabilities:a framework for analyzing peasant viability,rural livelihoods and poverty[J]. World Development, 1999, 27(12):2021-2044.

同时,很少有研究探讨或证明 PES 与生计之间的协同作用[①②③]。因此,需要了解 PES 在多大程度上和在什么条件下成功地改善生计,这对未来 PES 实施过程中协同环境和生计目标具有一定的启发意义。

目前,关于 PES 生计影响方面的研究,主要在以下几个方面:参与 PES 的家庭结构与生计的影响研究[④],跨辖区 PES 对参与者家庭生计的影响研究[⑤],区域 PES 对不同农村家庭生计的影响研究[⑥],参与 PES 家庭的收入分配和不平等研究[⑦],林地创新利用对农村家庭生计

---

① Pagiola S, Arcenas A, Platais G. Can payments for environmental services help reduce poverty? An exploration of the issues and the evidence to date from Latin America[J]. World Development, 2005, 33(2):237-253.

② Wunder S. Payments for environmental services and the poor:concepts and preliminary evidence[J]. Environmental Development Economics, 2008, 13(3):279-297.

③ Tallis H, Kareiva P, Marvier M, et al. An ecosystem services framework to support both practical conservation and economic development[J]. Proceeding of the National Academy Science of the United States of America, 2008, 105(28):9457-9464.

④ Liang Y C, Li S Z, Feldman M W, et al. Does household composition matter? The impact of the Grain for Green Program on rural livelihoods in China[J]. Ecological Economics, 2012, 75:152-160.

⑤ Li H, Cai Y M, Zhang Y, et al. Impact of a cross-jurisdictional Payment for Ecosystem Services program on the participants'welfare in North China[J]. Journal of Cleaner Production, 2018, 189:454-463.

⑥ Wang C, Pang W, Hong J. Impact of a regional payment for ecosystem service program on the livelihoods of different ruralhouseholds[J]. Journal of Cleaner Production, 2017, 164:1058-1067.

⑦ Zhang Q, Bilsborrow R E, Song C, et al. Rural household income distribution and inequality in China:Effects of payments for ecosystem services policies and other factors[J]. Ecological Economics, 2019, 160:114-127.

的影响研究①,以环境和减贫为目标的 PES 对家庭生计的影响研究②,宏观政策和价格变动对农村参与 PES 家庭的生计影响研究③。这些研究覆盖了宏观与微观、收入分配、家庭结构、空间异质性、多目标性等方面。通过这些重要的关于 PES 对家庭生计的影响研究,我们可以看到研究主要基于 Scoones 提出的分析框架。这些研究主要集中于中国的退耕还林工程(SLCP)等国家级 PES 项目,而对中国重要的南方集体林区的研究较为少见,特别是对 2015 年开始试点实施的重点生态区位商品林赎买对林农家庭生计的影响的研究,目前几乎没有涉及。同时,对 PES 家庭生计影响研究是否可以突破 Scoones 设定的研究框架也是一个重要问题。

1.2.2　林农生计问题研究

目前一般认为林农生计是指生活在林区,从事森林培育、管护和保护等林业工作的农户的生活方式和生活能力。当前对林农生计的研究主要集中在以下三个方面:

(1)林农生计影响因素研究。林农生计改善的影响因素是林农生计研究的重要内容,这些因素包括政策因素、经济因素、社会因素和环境因素等。如段存儒等认为气候变化感知对农业生计策略有一定的

---

①　Wu X Y,Qi X H,Yang S,et al.Research on the Intergenerational Transmission of Poverty in Rural China Based on Sustainable Livelihood Analysis Framework: A Case Study of Six Poverty-StrickenCounties[J].Sustainability,2019,11(8):23-41.

②　Dang X,Gao S,Tao R,et al.Do environmental conservation programs contribute to sustainable livelihoods? Evidence from China's grain-for-green program in northern Shaanxi province[J].Science of the Total Environment,2020,2:1-11.

③　KOMAREK A M,SHI X,HEERINK N.Household-level effects of China's Sloping Land Conversion Program under price and policy shifts[J].Land Use Policy,2014,40:36-44.

显著负面影响①。陈钦等研究公益林建设对林农收入和家庭能源消费等主要生计方式的影响。其计量研究结果显示福建省重点生态公益林保护对林农的林业收入产生显著的负面影响,可以为政府制订生态公益林补偿价格提供重要依据②。康子昊等估计了退耕还林工程对样本农户收入增长与收入不平等的影响,建议须谨慎调整退耕还林工程补助政策并加大对经济林等退耕还林工程后续产业的扶持③。雷显凯和罗明忠基于江西省 2011 年至 2017 年连续 7 年的 364 个样本林农的跟踪问卷调查数据,运用 OLS 回归和分位数回归法,实证分析集体林改配套政策对林农林业收入差距的影响效应,结果表明集体林改配套政策包括林业保险政策、林业补贴政策、林权抵押贷款、林业科技服务等相关配套政策对林农生计有一定的影响,但对不同收入水平的林农影响程度存在差异④。林静等采用熵权法及倾向得分匹配法研究全面停止天然林商业性采伐政策对不同类型林农生计资本水平变化的影响,结果表明全面停伐政策对林农生计资本水平具有显著提升作用⑤。

(2)林农生计策略类型研究。依据不同的研究视角和研究目标,可选择不同的林农生计的策略,主要有三类划分依据:一是根据家庭生计资本使用状况;二是根据家庭生计资本使用所产生的结果(即收入来源);三是根据家庭生产经营的产业类别。如黎洁和沈宁等选择

① 段存儒,武照亮,曾贤刚.气候变化感知对农户生计策略的影响:基于云南省农村居民调查数据[J].中国农业大学学报,2023,28(7):251-264.

② 陈钦,黄巧龙,游玲娜,等.基于 DID 模型的福建省生态公益林保护对林农的经济影响评估[J].中国林业经济,2018(6):1-4.

③ 康子昊,刘浩,杨鑫,等.退耕还林工程对农户收入增长和收入分配影响的测度与分析:基于长期跟踪大农户样本数据[J].林业经济,2021,43(1):5-20.

④ 雷显凯,罗明忠.集体林改配套政策对林农林业收入差距的影响:基于分位数回归模型的检验[J].农村经济,2020(4):68-75.

⑤ 林静,廖文梅,黄华金,等.全面停止天然林商业性采伐政策会影响林农生计资本吗?[J].林业经济,2021,43(10):5-20.

林业收入及其所占比例作为生计策略类型划分的依据①②,将生计策略划分为林业专业化、林业补充型、林业依赖型和生计多样化四类,采用多类别 Logistic 模型分析山区农户生计策略类型的影响因素。杨扬和李桦采用聚类法将林区农户生计策略分为农林业主导型、兼业型、务工主导型和自营工商型③。程秋旺等根据农户收入的不同来源将农户生计策略类型划分为纯林型、兼业型和非林型三类,有助于农户根据不同生计策略选择不同林种以解决农户生计问题④。

(3)林农生计可持续发展研究。研究者关注农村林农生计的可持续发展问题,探讨了影响因素、问题和对策。文献主要涉及林农生计可持续发展的理论框架、政策分析和实证研究等方面。王跻崭以泰国为研究对象,通过对其现代林业管理的沿革进行长时段梳理,分析其林业管理制度的特点和问题,探索总结东南亚国家的林业管理经验,认为需要重视当地非政府组织的作用,积极参与亚太区域贸易合作,改善资源开发的整体环境⑤。陈婷和郑密等认为发展乡村旅游可促进乡村旅游产业长效发展,改善农户自身生计状态,有效提升农户可持续生计能力⑥⑦。

总体来说,当前的林农生计研究主要关注林农生计的影响因素、

①　黎洁,李树苗,费尔德曼.山区农户林业相关生计活动类型及影响因素[J].中国人口·资源与环境,2010,20(8):8-16.

②　沈宁,徐秀英.家庭禀赋对山区农户林业相关生计策略的影响研究[J].林业经济问题,2020,40(1):106-112.

③　杨扬,李桦.集体林区农户生计策略选择研究:基于浙江、江西调查问卷[J].农林经济管理学报,2019,18(5):645-655.

④　程秋旺,于赟,俞维防,等.不同生计策略类型对农户林种选择意愿的影响研究:基于福建省 477 户农户调查数据[J].生态经济,2021,37(3):119-124,131.

⑤　王跻崭."一带一路"沿线东南亚国家林业资源开发[J].长安大学学报(社会科学版),2019,21(5):35-43.

⑥　陈婷,何勋.乡村旅游内生发展框架下农户可持续生计能力提升策略[J].农业经济,2023(8):73-76.

⑦　郑密,吴忠军.民族村寨农民旅游可持续增收的影响机制及其因素差异性研究:以瑶壮侗苗民族村寨为例[J].干旱区资源与环境,2023,37(9):200-208.

策略类型、可持续发展等方面。政策制度因素仍然是影响林农生计的决定变量,这些研究有助于理解和指导林农生计的调整,促进农村地区的可持续发展。而对于福建省首推的重点生态区位商品林赎买政策,对其影响林农生计方面的研究成果还比较少见,需要进一步深入研究和探索。

1.2.3　森林生态效益补偿研究

森林生态效益补偿隶属于生态效益补偿的范畴。目前国内的生态效益补偿研究主要聚焦于补偿标准、补偿机制、补偿意愿和效益评估等方面。对补偿标准的研究主要探讨了如何科学合理地制定补偿标准,这是生态效益补偿的核心问题之一。学者提出了多种补偿标准模式,如基于生态价值的补偿标准模式、基于市场价格的补偿标准模式、基于权责清晰的补偿标准模式等①②③④。这些模式都以不同的依据反映了生态系统对经济、社会和环境的贡献,为补偿标准的制定提供了科学依据。补偿机制是生态效益补偿的重要组成部分,研究主要涉及如何实现补偿的公平合理和有效性,如政府购买生态服务、建立生态补偿基金、协商补偿、市场化补偿等,针对不同补偿范围和类型,

---

① 袁广达,蔡昀.生态系统服务价值下的新安江跨界生态补偿标准设计[J].生态经济,2022,38(2):142-149.

② 李姣,李朗,李科.隐含水污染视角下的中国省际农业生态补偿标准研究[J].农业经济问题,2022,510(6):106-121.

③ 徐珂,庞洁,尹昌斌.生态公益林补偿标准及影响因素:基于农户受偿意愿视角[J].中国土地科学,2022,36(6):76-87.

④ 赵晶晶,葛颜祥,李颖,等.基于生态系统服务价值的大汶河流域生态补偿适度标准研究[J].干旱区资源与环境,2023,37(4):1-8.

构建市场化、多元化生态补偿机制,以促进生态系统的保护和恢复①②③。补偿意愿是生态效益补偿的关键问题之一,有学者通过问卷调查、实地调研等方式研究了不同群体的补偿意愿④⑤,弥补了关于生态效益补偿中受偿意愿和支付意愿主体研究的不足。效益评估是生态效益补偿的重要内容,研究主要关注生态效益和经济效益等多个方面的综合评估⑥⑦⑧⑨。这些研究成果为生态效益补偿的实践提供了科学依据,也为生态文明建设和可持续发展提供了理论支持。总体而言,当前国内生态效益补偿研究正处于发展和探索的阶段,还需要进一步加强理论研究和实践探索,促进生态文明建设和可持续发展。

当前对森林生态效益补偿的研究主要集中在产权、理论基础、制度探讨、实践效果评价、支付意愿及动机、演化博弈分析、国内外森林生态补偿比较、政策满意度调查、标准体系建立、森林认证、法律机制及问题探讨等方面,涉及的面比较广,但总体来说对森林生态补偿的研究还有待深入,甚至没有一个较为公认的概念,同时也较为缺乏系

---

① 张捷,王海燕.社区主导型市场化生态补偿机制研究:基于"制度拼凑"与"资源拼凑"的视角[J].公共管理学报,2020,17(3):126-138,174.

② 袁婉潼,乔丹,柯水发,等.资源机会成本视角下如何健全生态补偿机制:以国有林区停伐补偿中的福利倒挂问题为例[J].中国农村观察,2022,164(2):59-78.

③ 钱玲,范苏,徐笑,等.森林生态补偿机制的影响机理[J].林业经济问题,2022,42(5):470-476.

④ 徐瑞璠,刘文新,赵敏娟.生态认知、生计资本及农户生态补偿支付意愿与水平的实证研究[J].江西农业大学学报(社会科学版),2021,20(4):449-457.

⑤ 彭卓越,濮杭荣,吴灏.基于 Bayes 和 SWOT 的跨流域调水生态补偿受偿意愿及激励机制研究[J].生态经济,2023,39(2):181-187.

⑥ 林爱华,沈利生.长三角地区生态补偿机制效果评估[J].中国人口·资源与环境,2020,30(4):149-156.

⑦ 苏恒,姜昭,杨敬.森林公园差异化生态补偿价值评估模型的构建[J].东北林业大学学报,2022,50(6):117-123.

⑧ 林晓芸,洪燕真,杨小军,等.森林生态补偿政策量化分析:基于政策建模一致性指数模型[J].林业经济,2022,44(8):5-23.

⑨ 杜林远,许莹莹,高红贵.流域生态补偿综合效益评估:以湘江流域为例[J].统计与决策,2022,38(16):77-81.

统性的研究。不过,在具体的研究层面上,研究已经较为丰富。

在研究框架方面,李文华等界定了森林生态补偿的内涵与范畴,对补偿森林类型进行分类,提出了研究框架。其认为森林生态补偿的概念具有广义和狭义之分。广义上指对森林生态环境本身的补偿;对个人或区域保护森林生态环境的行为进行补偿;对具有重要生态环境价值的区域或对象的保护性投入。狭义上仅包括现在进行的公益林森林生态效益补偿基金制度所涵盖的内容①。刘璨和张敏新(2019)论述了森林生态补偿的概念、原则、设计机制、所产生影响的评价以及交易成本对森林生态补偿的影响等方面的研究进展,认为已有研究取得了较好进展,但在经济学理论与政策可操作性等方面依然存在可改进的学术空间,需要充分考虑森林生态系统的长期性和社会经济发展的动态性,以更好地把握森林生态补偿实施效果,完善森林生态补偿政策设计②。李国志从森林生态补偿含义、补偿标准、补偿模式、补偿意愿和补偿效应等方面对现有文献进行系统梳理,发现现有文献在研究内容上尚存在很多盲点和不足之处,包括差异化补偿标准测算问题、生态补偿资金的分摊问题、不同补偿模式耦合的临界点问题、森林生态补偿的激励相容机制问题等③,这些问题也是未来研究的趋势和重点。

在森林生态补偿政策效果方面,徐旭等通过研究,证实了我国进行森林生态补偿效果区域差异调控的必要性,分析了森林生态补偿效果的区域差异,得出了补偿效果的影响因素并提出相应政策建议④。潘鹤思和柳洪志的研究表明,在未引入中央政府"约束—激励"机制的

① 李文华,李世东,李芬,等.森林生态补偿机制若干重点问题研究[J].中国人口·资源与环境,2007,17(2):13-18.

② 刘璨,张敏新.森林生态补偿问题研究进展[J].南京林业大学学报(自然科学版),2019,43(5):149-155.

③ 李国志.森林生态补偿研究进展[J].林业经济,2019(1):32-40.

④ 徐旭,钟昌标,李冲.区域差异视角下森林生态补偿效果与影响因素研究[J].软科学,2018,32(7):107-112.

情况下,跨区域生态补偿无法实现,保护地区政府会通过权衡保护森林资源收益和机会成本进行策略选择,当保护森林资源的净收益为正时,即使没有受益地区生态补偿,保护地区政府仍然有足够的激励保护森林资源,当保护森林资源的净收益为负时,两类政府群体容易陷入森林生态治理的"囚徒困境",而"约束—激励"机制的引入可以实现森林生态保护补偿的帕累托改进,通过限制中央政府惩罚、奖励金额能够实现最优稳定均衡策略[①]。曹兰芳等通过改进"弗斯特曼公式(Faustamann formula)"进行模型拟合,结果表明林权流转、林业税费负担和林业合作组织等配套政策对农户林业生产行为有不同程度和方向的显著影响,而林木限额采伐、政策性森林保险和生态效益补偿制度等对农户林业生产行为暂无显著影响[②]。

在森林生态效益补偿研究理论视角方面,聂承静和程梦林基于边际效应理论,以 2016 年为时间截面,测算北京和河北张承地区森林生态建设的边际效益,得到横向补偿的临界值,结合地区非均衡协调发展,根据专家赋权法得到北京和河北张承地区互补的森林生态补偿值[③]。李洁等从林农的视角分析其对生态补偿政策的满意度并考察影响因素量,结果表明,户主年龄、林业收入比重、户主受教育程度、是否为村干部、是否有林权证对森林生态效益补偿的满意度有显著的影响,并提出提高补偿标准、完善相关配套政策和加强生态效益补偿政策的宣传等建议[④]。张媛从较新的视角——生态资本的角度,探讨森

① 潘鹤思,柳洪志.跨区域森林生态补偿的演化博弈分析:基于主体功能区的视角[J].生态学报,2019,39(12):4560-4569.

② 曹兰芳,王立群,曾玉林.林改配套政策对农户林业生产行为影响的定量分析:以湖南省为例[J].资源科学,2015,37(2):391-397.

③ 聂承静,程梦林.基于边际效应理论的地区横向森林生态补偿研究:以北京和河北张承地区为例[J].林业经济,2019(1):24-31.

④ 李洁,陈钦,王团真,等.林农森林生态效益补偿政策满意度的影响因素分析:基于福建省六县市的林农调研数据[J].云南农业大学学报(社会科学),2016,10(5):51-57.

林生态补偿的战略意义,充分挖掘森林生态补偿在保障森林生态服务总量不减、增量增加层面的价值①。张茂月、孔凡斌、王曼等分别从法律和法学的视角探讨森林生态补偿制度的法学基础②③④。

从上面的研究可以看出,目前国内对森林生态补偿的研究视野较宽,但聚焦不够,其应用的方法与国际上对 PES 的研究方法还有一些差距,实地调研的范围、样本数、涵盖的时间跨度还比较小,对国家层面和跨区域的森林生态补偿研究还较少,当然可能一个重要的原因是大范围的调查研究结果一般在国际重要期刊如 *Eclogical Economics* 等上交流、发表,比如前文提到的对退耕还林工程(SLCP)、天然林保护工程(NFCP)的很多重要研究成果已经在国际期刊上发表,也引起了世界范围较大程度的关注。

1.2.4　重点生态区位商品林赎买研究

由于福建省重点生态区位商品林赎买从 2015 年才刚开始试点,对其的研究才刚开始,还有待系统化,目前的研究主要集中在政策、理论范式、模式比较、资金来源、利益分配、认知及意愿等方面,具体如下:

在政策研究方面,刘金龙等采用将多源流模型与政策执行过程模型融合的扩展多源流分析框架来阐释中国情景下的林业政策过程。其通过研究福建 Y 市的重点区位商品林赎买发现赎买政策的延续性

---

① 张媛.森林生态补偿的新视角:生态资本理论的应用[J].生态经济,2015,31(1):176-179.

② 张茂月.浅析无因管理制度规则对森林生态效益补偿制度设计的借鉴意义[J].中国农业资源与区划,2014,35(3):32-38.

③ 孔凡斌,魏华.森林生态保护与效益补偿法律机制研究[J].干旱区资源与环境,2004,18(5):112-118.

④ 王曼.浅析森林生态效益补偿制度的理论基础[J].西北林学院学报,2008,23(4):233-236.

取决于政策的经济资源是否充分,同时,赎买政策制定和执行过程的公开性和包容性有待加强①;洪燕真、戴永务通过实地调研发现重点生态区位商品林赎买改革存在赎买缺乏法律依据和实施标准、重点区位成过熟人工商品林赎买任务紧迫、资金缺口大、赎买后续经营管护难度较大等问题,最后提出优化重点生态区位商品林赎买等的改革方案建议②;张江海、胡熠通过对赎买的研究,得出要从合理确定交易价格、规范交易程序、完善后续管护机制、多渠道筹集交易资金入手建立政策的长效机制③。

在理论范式方面,王季潇等通过探讨生态补偿的"科斯范式"和"庇古范式"的区别,认为福建重点生态区位商品林赎买属于"科斯范式"的准市场化生态补偿,应进一步构建市场化多元化生态补偿机制④。

在模式比较方面,康鸿冰等对福建试点的四种不同赎买模式进行比较,并基于政府、行业主管部门、农户等三个利益主体,结合赎买模式的实施条件,对地方赎买模式的选择提出有针对性的建议⑤。

在资金来源方面,林慧琦等通过研究赎买的投融资模式,认为做好重点生态区位商品林赎买的投融资需要 5 个方面的紧密配合:政府财政支持,金融信贷扶持,融资渠道多元化与融资结构合理化,资金管

---

① 刘金龙,傅一敏,赵佳程.地方林业政策的形成与执行过程解析:以福建 Y 市重点区位商品林赎买为例[J].贵州社会科学,2018,340(4):140-146.

② 洪燕真,戴永务.福建省重点生态区位商品林赎买改革优化策略研究[J].林业经济,2019(1):92-97.

③ 张江海,胡熠.福建省重点生态区位商品林赎买长效机制构建研究[J].福建论坛(人文社会科学版),2019(3):194-200.

④ 王季潇,曾紫芸,黎元生.区域生态补偿机制构建的理论范式与实践进路:福建省重点生态区位商品林赎买改革案例分析[J].福建论坛(人文社会科学版),2019(11):185-193.

⑤ 康鸿冰,戴永务,洪燕真.福建省重点生态区位商品林赎买模式比较研究[J].林业经济问题,2019,39(4):370-376.

理高效化,收储方式多样化①。

在利益分配方面,高孟菲等根据演化博弈理论,构建动态演化博弈模型,探讨重点生态区位商品林生态补偿过程中各利益主体在有限理性条件下的利益驱动、决策行为和依据以及主体间交互作用下的演化稳定策略,分析在不同情境下影响林农和地方政府演化博弈均衡的因素②。

在认知和意愿方面,郑晶、林慧琦通过对福建永安、顺昌 139 户农户的调查,发现林农对赎买政策的整体认知水平较低,需要通过加大宣传力度、提高精准宣传的深度等方式来提高林农的认知③。

董建军等在比较商品林赎买与传统的生态补偿的基础上,分析永安和沙县多样化的商品林赎买模式,在借鉴美国的土地休耕保护计划这一项目的基础上,完善重点区位商品林的赎买政策,解决赎买实践中的难题,进而为提高永安市、沙县等研究区域乃至南方公益林建设成效提供决策参考依据④。林林从多角度对永安林业规划的生态林和商品林进行分析,以期能够促进我国林业的发展⑤。李慧琴分析了赎买重点区位商品林工作中面临的问题与挑战,阐述了三明市为解决这些问题的具体做法,以期推动森林生态补偿政策的健全与完善⑥。谢长周阐述了邵武市重点区位商品林分布现状,分析开展重点区位内人

---

① 林慧琦,王文意,郑晶.重点生态区位商品林赎买的投融资模式研究:以福建省为例[J].中国林业经济,2018,150(3):1-6.

② 高孟菲,王雨馨,郑晶.重点生态区位商品林生态补偿利益相关者演化博弈研究[J].林业经济问题,2019,39(5):490-498.

③ 郑晶,林慧琦.重点生态区位商品林赎买中的林农认知及其影响因素:基于福建的案例调查[J].林业科学,2018,54(9):114-124.

④ 董建军,张美艳,李军龙.基于生态补偿视角下的重点生态区位商品林赎买问题探析:以三明为例[J].湖北经济学院学报(人文社会科学版),2019,16(5):47-49.

⑤ 林林.浅谈永安市重点生态区位商品林的调整与经营[J].农村经济与科技,2018,29(14):48.

⑥ 李慧琴.三明市重点生态区位商品林赎买及改造提升的实践与探索[J].经济师,2018(10):140-141.

工集体商品林赎买中存在的问题,探讨重点区位人工集体商品林赎买方式,提出赎买后管护经营建议,为该市今后开展重点区位内商品林赎买工作提供参考①。任文元分析福建省南平市重点生态区位商品林赎买实施现状发现,重点生态区位商品林赎买过程中存在着法律法规不完善、实施标准缺乏、成熟林和过熟林亟待赎买、资金不足和资金渠道单一、赎买后管护经营体制不完善、不可持续经营等问题,提出健全赎买政策法规和标准、创新赎买和融资模式、提高赎买技术服务质量和建立保障制度等建议,以有效促进重点生态区位商品林赎买②。

通过以上对赎买政策的研究,我们发现目前对重点生态区位商品林赎买的研究才刚开始,虽然在政策建议、理论范式、利益分配、认知和意愿等较为重要的方面有所涉及,但相关文章较少。而在赎买政策对林农生计和森林生态保护的影响方面目前还属于空白。因此,本书的研究具有重要的现实意义。

以上关于生态系统服务付费、森林生态效益补偿、重点生态区位商品林赎买的国内外研究成果一脉相承,重点生态区位商品林赎买属于区域森林生态效益补偿范畴③,而森林生态效益补偿在国际上属于生态系统服务付费的范畴。国际上关于生态系统服务付费(PES)的研究相对比较成熟,理论探讨、框架构建、实践分析均比较充分,为国内生态效益补偿的研究提供了良好的借鉴;而国内关于森林生态效益补偿的研究目前主要集中在几个大型的项目,如退耕还林还草项目,在理论体系构建、研究方法选择、样本区间范围选定等方面还有较大的改进空间;关于重点生态区位商品林赎买的研究文献相对较少,但

---

① 谢长周.邵武市重点生态区位内人工集体商品林赎买探讨[J].林业勘察设计,2018(1):73-75,79.

② 任文元.重点生态区位商品林赎买存在的问题及建议:以南平市为例[J].林业勘察设计,2019(3):48-51.

③ 高孟菲,王雨馨,郑晶.重点生态区位商品林生态补偿利益相关者演化博弈研究[J].林业经济问题,2019,39(5):490-498.

也开始涉及几个重要方面,如理论范式、政策研究等。总的来说,当前国内外关于生态系统服务付费、森林生态效益补偿、重点生态区位商品林赎买的研究不论从理论上还是实践上均已经为日后的研究打下了较为坚实的基础,但还存在一些不足:

(1)在重点生态区位商品林赎买研究方面,学者们的定性理论研究和定量实证研究均较少,特别是关于重点生态区位商品林赎买对林农生计产生的影响,其背后的理论逻辑和路径机制是什么,还未涉及。同时,重点生态区位商品林赎买政策的森林生态保护效果如何,森林生态保护和林农生计的关系如何,均还未有系统的研究和探讨。

(2)已有研究在生态系统服务付费、森林生态效益补偿对林农生计的影响有较为成熟的研究方法和结论,但这些方法和结论能否应用于区域生态效益补偿机制的研究还未有较为详细的阐述和研究;重点生态区位商品林赎买是否属于森林生态效益补偿的范畴,虽然已经有王季潇等学者对其进行论证,但还未形成较为公认的认识,还需要从理论上丰富和完善。如果重点生态区位商品林赎买确实属于区域生态效益补偿机制,那么研究其对林农生计和森林生态保护的影响就可以丰富生态效益补偿的理论机制,有较大的政策启示。

针对已有研究存在的不足,本书从理论上对重点生态区位商品林赎买与森林生态效益补偿、生态系统服务付费的关系进行探索,在实证中对重点生态区位商品林赎买对林农生计及森林生态保护的影响进行论证,力图找出重点生态区位商品林赎买对林农家庭收入和劳动力转移的影响路径、机理、机制,力图分析重点生态区位商品林赎买对林农家庭劳动力转移的异质性,同时研究林农生计和森林生态保护间的关系,为重点生态区位商品林赎买破解林农生计和森林生态保护间的矛盾提供基于理论基础和实证检验的政策启示。

1.3　研究目标和研究内容

1.3.1　研究目标

本书旨在依据可持续生计分析框架、结构方程模型、Logistic 模型、固定效应模型和反事实的政策评估计量经济模型等理论和方法，论证重点生态区位商品林赎买与林农生计、森林生态保护的逻辑关系。因此，本书力图基于经济学范式探究重点生态区位商品林赎买对林农生计、森林生态保护的影响，探讨在区域生态补偿机制下，林农生计和森林生态保护的矛盾是否可以破解。

首先，考察重点生态区位商品林赎买对林农生计的影响，具体包括重点生态区位商品林赎买对林农家庭收入的影响及其路径研究，重点生态区位商品林赎买对林农家庭就业结构的影响研究，并从物质资本和人力资本两个维度探讨重点生态区位商品林赎买对非农劳动①力影响的异质性。

其次，研究重点生态区位商品林赎买对森林生态保护的影响，主要研究重点生态区位商品林赎买对林农森林生产性投入的影响。

最后，考察在重点生态区位商品林赎买背景下，林农家庭生计与森林生态保护间的权衡关系，也就是研究重点生态区位商品林赎买的

---

① 本书中的非农劳动泛指不涉及农业(包括林业)的劳动，相关数据据此产生。

有效性,研究林农家庭生计在重点生态区位商品林赎买政策下的变化对森林生态保护的影响。

具体目标如下:

(1)调研重点生态区位商品林赎买政策实施的历史背景和现状,客观反映福建重点生态区位商品林赎买政策的实际执行效果,为后续的相关研究提供实践的背景、基础。

(2)建立衡量林农生计的指标维度并通过实地调研获取相关数据,确定重点生态区位商品林赎买对林农家庭生计的影响路径及机制。

(3)建立衡量林农就业的指标维度并通过实地调研获取相关数据,确定重点生态区位商品林赎买对林农家庭就业结构的影响,并探讨其对林农家庭非农就业影响的异质性。

(4)建立森林生态保护的指标维度,确定重点生态区位商品林赎买对森林生态保护的影响,特别是对森林生产性投入的影响,从定性和定量的角度观察这一政策对森林生态保护的影响。

(5)建立林农生计指标维度和森林生态保护指标维度间的计量关系,确定在重点生态区位商品林赎买政策实施下这两者的关系,以此观察这一政策在林农家庭生计及森林生态保护方面的权衡,探讨该政策的有效性。

(6)根据上述研究结果,结合重点生态区位商品林赎买政策的公平和效率权衡,提出对后续政策实施的改进建议。

1.3.2　研究内容

与研究目标相对应,本书计划从以下三个主要部分展开研究:

第一部分:重点生态区位商品林赎买与林农生计变化的关系研究。

为了衡量重点生态区位商品林赎买对林农生计的影响,主要从三方面的论证入手:第一,探讨重点生态区位商品林赎买对林农生计的影响,包括其对林农收入和劳动力的影响;第二,探讨重点生态区位商品林赎买对林农生计影响的路径,包括直接影响路径和间接影响路径,其中,直接影响路径为补偿款直接提高了林农收入,间接影响路径为赎买政策促进了劳动力的转移并放松了流动性约束,进而提高了林农的收入;第三,探讨重点生态区位商品林赎买对林农就业结构的影响,主要表现为农业劳动向非农劳动转移,研究林农事先拥有的物质资本(流动性约束)和人力资本对非农劳动的异质性影响,并以此来观察哪些类型的林农更容易在重点生态区位商品林赎买政策下改变就业结构。根据上述分析,利用基于反事实的政策评估双重差分计量经济模型(DID)对福建重点生态区位商品林赎买与林农家庭生计的因果关系进行研究;利用结构方程模型(SEM)研究重点生态区位商品林赎买影响林农家庭收入的路径;利用分位数回归和 Logistic 回归分析方法研究福建重点生态区位商品林赎买对林农家庭就业结构变化(劳动力转移)及异质性的影响。

第二部分:重点生态区位商品林赎买与森林生态保护的关系研究。

重点生态区位商品林赎买作为一种区域生态补偿机制和创新的经济干预方法,在理论上具有生态保护计划的典型概念逻辑(如前所述)。基于以上理论逻辑,我们提出研究假说:区域生态补偿机制——重点生态区位商品林赎买促进森林生态保护,主要表现为森林生产性投入的增加促进了森林生态保护行为并因此而提升森林生态保护效果。同时,采用固定效应模型对该假说进行论证,以探讨重点生态区位商品林赎买对森林生态保护的影响。

第三部分:林农生计变化与森林生态保护间的关系研究。

本部分的研究基于以下思路:第一,区域生态补偿机制——重点生态区位商品林赎买改变了林农生计,林农生计的改变影响了森林生态保护;第二,区域生态补偿机制重点生态区位商品林赎买促进了森林生态保护,森林生态保护进而改变了林农生计。也就是说,在重点生态区位商品林赎买政策背景下,林农生计和森林生态保护的关系是双向的。而其中的一个关键问题在于重点生态区位商品林赎买是否能促进林农收入更为均衡? 这一问题关系到森林生态效益补偿的公平性和有效性,它的肯定回答是森林生态保护和林农生计正向循环的前提。对该问题的论证采用基尼系数研究方法(由于调研数据受限,该问题暂不研究)。另外,林农生计的变化会对森林生态保护产生何种影响? 这是最后需要明确的内容,该部分采用 DID 研究方法。

1.4　研究思路和研究方法

1.4.1　研究思路

本书按照"文献收集—数据调研—提出问题—理论探讨—实证分析—解决问题—政策建议"的基本逻辑进行研究。研究的基本思路是:前期准备—文献检索及文献分析—数据调研—重点生态区位商品林赎买调研问卷设计及统计结果分析—论证福建重点生态区位商品林赎买对林农生计的影响—论证福建重点生态区位商品林赎买对森林生态保护的影响—论证在福建重点生态区位商品林赎买背景下林农生计和森林生态保护的关系—形成研究结论及政策建议。本书研究思路的技术路线框图如图1-6所示。

1.4.2　研究方法

通过规范研究和实证研究相结合、定性分析与定量分析相结合的研究方法,本书在前期相关研究积累和统计数据收集的基础上,以重点生态区位商品林赎买对林农生计及森林生态保护影响研究的问卷调查为客观依据,对重点生态区位商品林赎买对林农生计及森林生态保护的影响进行深入研究。具体包括以下几种。

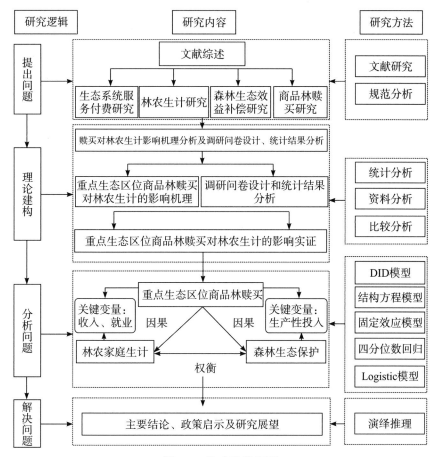

图 1-6　技术路线框图

1.4.2.1　逻辑演绎法

本书在归类分析和归纳总结国内外关于生态系统服务付费、林农生计问题研究、森林生态效益补偿、重点生态区位商品林赎买等相关文献资料的基础上,对重点生态区位商品林赎买的概念来源路径进行了界定;同时,针对重点生态区位商品林赎买对林农生计及森林生态保护的影响机理及路径进行了总结;在分析、归纳、总结国内外相关研究的基础上建立了重点生态区位商品林赎买对林农生计及森林生态保护影响的指标体系并在此基础上进行了模型构建,力图在原有的相

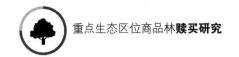

关文献研究基础上有所创新。

本书在现有生态效益补偿理论、外部型理论、公共物品理论、可持续生计理论及重点生态区位商品林赎买政策相关理论基础上,分析了重点生态区位商品林赎买对林农生计的影响路径、机理,力图在定性分析的基础上对所研究的内容有理论上的创新和突破,并据此来论证重点生态区位商品林赎买对林农生计及森林生态保护影响的逻辑关系。

1.4.2.2　实证分析法

为了对理论的研究有更深入和直接的论证,必须进行实地调查和深度访谈。本书所涉研究通过随机选取福建重点生态区位商品林赎买区域进行实地调研。调研地点为南平市顺昌县、邵武市、光泽县的13个乡镇,并与县政府领导、林业站领导及工作人员、乡镇和村干部进行深度访谈。通过实地调查,了解重点生态区位商品林赎买对林农生计的影响路径、机理、效应,了解重点生态区位商品林赎买的森林生态保护效应,并探索林农生计和森林生态保护的矛盾是否在重点生态区位商品林赎买政策的施行下有所缓解,是否具有双赢的效果,据此来研究并厘清重点生态区位商品林赎买政策的经济效益、生态效益和社会效益的逻辑关系。

通过收集的统计数据及实地调查获取的数据,建立相关面板数据。采用基于反事实的政策评估双重差分(DID)计量经济模型研究重点生态区位商品林赎买对林农生计的影响;采用结构方程模型(SEM)研究重点生态区位商品林赎买影响林农家庭生计的途径;采用四分位数回归和 Logistic 回归分析方法研究重点生态区位商品林赎买对林农家庭就业结构变化(劳动力转移)的影响及其异质性;采用固定效应模型研究重点生态区位商品林赎买对森林生产性投入的影响;采用基于反事实的政策评估双重差分(DID)计量经济模型研究重点生态区位商品林赎买背景下林农生计变化对森林生态保护的影响。通过以上定量分析方法,力图对重点生态区位商品林赎买影响林农生计及森林生态保护的研究进行实证上的逻辑关系证明。

1.5 创新与不足之处

1.5.1 创新点

本书所涉研究以重点生态区位商品林赎买政策的实施为背景,结合生态系统服务付费和生态效益补偿的相关理论逻辑,论证该政策对林农生计及森林生态保护影响的相关路径和机制,并力图结合实地调研的数据和理论模型进行验证。

(1)研究内容的深化。本书所涉研究结合新古典经济学、制度经济学、生态经济学的相关理论来系统探讨区域生态补偿机制重点生态区位商品林赎买与林农家庭生计、森林生态保护的因果关系,观察新的区域森林生态补偿政策对林农家庭生计、森林生态保护变化的影响,研究其共性和特性问题,在研究内容上有一定的深化,已有的文献虽然涉及这方面的内容,但还不够系统。

(2)研究视角的聚焦。近些年来对森林生态效益补偿(PES)的研究视角有很多,从 PES 的概念范畴、模式,参与 PES 的意愿与动机,PES 的生态、经济、社会效益,到 PES 的公平与效率等,但把林农家庭生计、森林生态保护纳入统一的分析框架来研究区域生态补偿机制,并通过家庭生计与森林生态保护的变化与均衡来探讨区域生态补偿机制的影响还不多见,本书研究重点生态区位商品林赎买对林农生计及森林生态保护的影响,在研究视角上有一定的聚焦。

(3)研究方法的突破。从研究方法来看,本书采用基于反事实的政策评估双重差分（DID）计量经济模型，并结合结构方程模型（SEM）、Logistic 模型、固定效应模型、分位数回归等研究方法，采用分层随机抽样和半结构化访谈收集数据，并对区域统计调查数据（如各种统计年鉴）进行分析，方法的应用和结合在相关领域有一定的突破。

1.5.2　不足之处

限于研究能力和研究条件，本书还存在一些不足，主要体现如下：

第一，本书的研究样本数据集中于福建省，虽然样本解决了多样性和差异性问题，但各省的数据差异较大，不能完全代表全国的情况；本书虽能解决一些共性问题，但个性特征无法囊括，限于受调研经费和时间精力，调研获取的数据质量还有待提高。

第二，本书相关研究模型指标体系的建立虽然在已有文献基础上作了改进，但指标体系的科学性还有待进一步论证，在之后的研究工作中，需要不断地加强指标体系的研究并将其科学地运用到问卷的设计当中。

第三，本书运用了较多的高级计量经济方法，但受限于调研数据的完整性，有的计量方法拟合出来的结果虽然能论证结论，但还有所欠缺，需要进一步对数据进行完善。

第四，本书主要侧重于重点生态区位商品林赎买对林农生计及森林生态保护的影响机理分析与实证，对机制的宏观探讨还有所欠缺，有待于今后进一步研究完善。

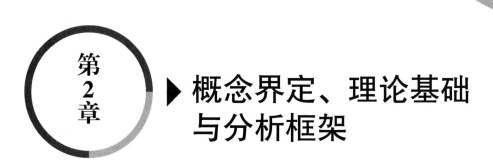

第2章 ▶ 概念界定、理论基础与分析框架

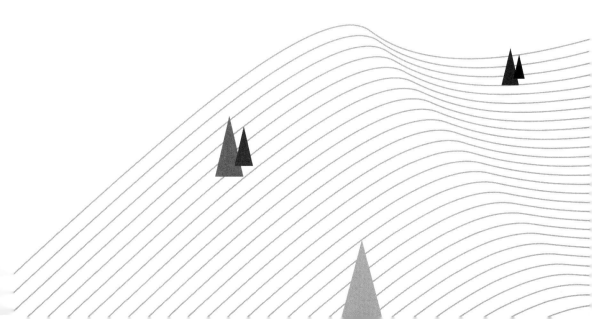

本书力图通过理论分析结合实地调研，就重点生态区位商品林赎买对林农生计及森林生态保护的影响进行论证。从概念上讲，重点生态区位商品林赎买属于森林生态效益补偿的范畴，而国内的森林生态效益补偿概念在国际上又属于生态系统服务付费的范畴，因此有必要对这三者进行科学的概念界定。而重点生态区位商品林赎买政策的理论基础包括经济学的外部性理论、公共物品理论和可持续生计理论，必须对这三者进行详细的考察。本书研究在可持续生计的分析框架下进行。

2.1　概念界定

2.1.1　生态效益补偿

生态效益补偿,目前在国内还没有统一的定义,早期的生态效益补偿概念是对生态环境破坏者的惩罚性措施,从生态效益补偿的角度进行定义,将生态效益补偿视为一种减少生态环境损害的经济刺激手段。随着社会经济的发展,生态效益补偿的内涵不断拓展,由单纯针对生态环境破坏者的收费,拓展到对生态服务提供者(或生态环境保护者)进行补贴。[①] 我国的森林生态补偿研究起步较晚,大约开始于20 世纪 90 年代。经过不断深入研究,其内涵不断充实,补偿主体从单一政府扩大到政府、社会、林业生产单位、受益单位等,补偿客体由单一的森林经营者向包括森林经营者、提供森林保护单位、组织和个人等转变。不同的学者根据不同的理论视角,对生态效益补偿进行了概念的界定,如樊淑娟认为:"从经济学的外部性视角出发,生态补偿是为了激励保护(或损害)环境行为的主体增加(或减少)因其行为带来的外部经济性(或外部不经济性),达到保护资源的目的,对保护(或损害)环境的行为进行补偿(或收费),提高经济主体行为的受益(或成

---

① 刘璨,张敏新.森林生态补偿问题研究进展[J].南京林业大学学报(自然科学版),2019,43(5):149-155.

本）。"①李文华等通过深入研究提出森林生态效益补偿有广义、狭义和中等范畴三种概念。广义上是对森林生态环境本身的补偿；对个人或区域保护森林生态环境的行为进行的补偿；对具有重要生态环境价值区域或对象的保护性投入。该层次范围内，不仅包括公益林生态补偿，而且还包括林业重点工程、森林病虫害防治、森林防火等。狭义概念仅包括现在实行的公益林森林生态效益补偿基金制度所涵盖的内容。根据我国的实际情况，其认为森林生态补偿的目的在于调整利用与保护森林生态效益主体间利益关系的一种综合手段，是保护森林生态效益的一种手段和激励方式，其核心内容既要包括公益林的补偿，又要包括对生态系统功能退化而进行的森林生态系统恢复的投入成本和为保护森林而丧失的机会成本的补偿。这属于森林生态效益补偿的中等范畴概念。② 根据上述说法，重点生态区位商品林赎买属于中等范畴概念的森林生态效益补偿。而李国志为了突出森林生态补偿的法律层面含义，将森林生态效益补偿界定为：特定区域内全体公民或企事业单位等森林生态效益受益者，依据相关法律法规，通过纳税或其他方式向政府缴纳生态补偿经费，政府通过转移支付或设立基金等方式对森林生态效益保护者进行补偿。③ 经过深入的分析和探讨，笔者认为樊淑娟的定义比较符合本书研究的分析框架，因此倾向于采用其对生态效益补偿的概念界定。

2.1.2　生态系统服务付费(PES)

作为一种新式政策工具，生态系统服务付费(PES)旨在通过向土

① 樊淑娟.基于外部性理论的我国森林生态效益补偿研究[J].管理现代化，2014(2):108-110.
② 李文华,李世东,李芬,等.森林生态补偿机制若干重点问题研究[J].中国人口·资源与环境,2007,17(2):13-18.
③ 李国志.森林生态补偿研究进展[J].林业经济,2019(1):32-40.

地和自然资源管理人员提供积极的财政激励措施,促使其采取更环保的行动。[①] 因此,PES 应以较低的成本实现与其他可能的政策(如指挥和控制措施)相同的环境效益水平。当前对 PES 定义的探讨,主要基于两种不同的框架:科斯型 PES 和庇古型 PES。[②] PES 的定义、逻辑与科斯定理[③][④]密切相关。科斯定理基于这样的假设,即在一定的条件下,外部效应问题可以通过受影响方之间的私人谈判来克服,而不管产权的初始分配,谈判的结果将自动提高经济效率。然而,在实践中,阻碍有效谈判的障碍,如高交易成本、失衡的权力或界定不清的产权,可能会影响科斯型方案的效率。与纯粹基于市场的解决方案(严格遵循科斯定理)相反,PES 的概念后来被扩展到某些类型的政府干预,这些干预可以被视为类 PES(PES-like)的机制。这种 PES 概念更符合经济学家亚瑟·庇古的观点[⑤],其认为应通过提倡环境税收和补贴来纠正负外部性。相比之下,在科斯型 PES 中,受益人在纯粹自愿的基础上直接向生态系统服务提供者支付资金,这是私人谈判的结果,而在庇古型 PES 中,政府要么通过干预,要么自己提供支付,或者让其他人代表直接受益人支付,以激励生态系统服务的提供行为。在第一种情况下,它把公共资金用于整个社会的利益。在后一种情况下,它要求第三方支付费用,以抵消社会的环境退化活动。此外,该协议不一定是完全自愿的,因为无论是在需求方面还是在供给方面,它都可以由合同条例驱动。因此,关于 PES 的定义也有两种不同的范

① Vatn A.An institutional analysis of payments for environmental services[J]. Ecological Economics,2010,69(6):1245-1252.

② Pigou A C.The economics of welfare[J].Journal of the Royal Statistical Society:Series A (Statistics in Society),1930,93(1):125-126.

③ Coase R H.The problem of social cost[J].Journal of Law and Economics,1960,3:1-44.

④ Coase R H.The nature of the firm[J].Economica,1937,4 (16):386-405.

⑤ Pigou A C.The economics of welfare[J].Journal of the Royal Statistical Society:Series A (Statistics in Society),1930,93(1):125-126.

畴,分别基于科斯型 PES 和庇古型 PES,其代表人物分别为 Wunder 和 Muradian。Wunder 在 Coasean 意义上提供了一个被广泛引用的 PES 定义,并讨论了满足他所有定义标准的"真实 PES"和不满足其定义标准的"类 PES"项目之间的区别。Wunder 对 PES 的定义如下,即满足下列条件的自愿交易:(1)交易对象为得到明确界定的环境服务或可确保该服务的土地用途;(2)至少有一个服务商提供服务;(3)向至少一个服务提供商"购买";(4)当且仅当服务提供者确保提供服务(条件)。[①]

而 Muradian 对此定义提出了批评,其认为,虽然 Wunder 对 PES 的定义、逻辑、框架和体系成为大多数研究的主导,但大多数的 PES 并不严格遵守他的定义,因为各种类型的 PES 强烈依赖于国家和社区的参与,因此不能被认为是完全自愿的。此外,将 PES 分为"真正的"(好)和"类"PES(不太好)可能会导致理论和实践之间的不匹配。基于此,Muradian 等提出了 PES 的另一种定义:PES 是社会行为者之间的资源转移,其目的是创造激励措施,使个人和/或集体土地使用决定与自然资源管理的社会利益相一致。[②] 随着理论和实践的进一步发展,Wunder 对 PES 的定义进一步提出了修正,他认为:PES 是服务用户和服务提供者之间以商定的自然资源管理规则为条件生成场外服务的自愿交易。[③] 可以看出,Wunder 阵营和 Muradian 阵营关于 PES 定义的争论实际上是关于 PES 是科斯型还是庇古型的区别,即 PES 是完全基于市场的机制还是有国家和政府、社区干预的机制。

将生态系统服务付费与生态效益补偿的概念进行对比,可知两者

---

① Wunder S.Payments for environmental services:some nuts and bolts[M].Bogor,Indonesia:CIFOR,2005,42:1-24.

② Muradian R,Corbera E,Pascual U,et al.Reconciling theory and practice:an alternative conceptual framework for understanding payments for environmental services[J].Ecological Economics,2010,69(6):1202-1208.

③ Wunder S.Revisiting the concept of payments for environmental services[J].Ecological Economics,2015,117:234-243.

有以下共同点:(1)两者均有保护生态环境的目的,并以此作为制定政策的出发点和依据;(2)两者均综合运用行政和市场手段,协调生态环境保护和建设者之间的利益关系;(3)两者均为解决人与自然和谐发展的环境经济政策。对比两者的定义,可以得出结论——国内的"生态效益补偿"概念,在国际上属于"PES"的概念范畴。关于这点,在生态效益补偿研究方面,国内有不少学者持相同的观点。李国志认为生态补偿与 PES 之间无太大区别,目前可以分为三类:其一,单纯的自然生态补偿;其二,人类对生态系统的补偿;其三,保护生态环境的自然手段。[①] 吴强和张合平也认可生态效益补偿即为 PES,其认为 Wunder 提出的 PES 概念属于生态效益补偿范畴,并在相关研究中居于主要地位。[②] 目前,中国发表于国外期刊的关于"生态效益补偿"的论文,几乎全用"PES"的概念范畴,由此可知,PES 概念涵盖了国内的"生态效益补偿"概念。另外,由于语境不同,国内一些学者在介绍 PES 的时候,有的直接将其翻译为"生态效益补偿"或"森林生态效益补偿"[③];有的则将两者分别作为国内和国际的两种对应称呼[④]。

2.1.3　重点生态区位商品林赎买

2017 年 1 月 12 日,福建省人民政府办公厅正式印发《福建省重点生态区位商品林赎买等改革试点方案》,这标志着福建重点生态区位商品林赎买政策正式实施。对研究者来说,重点生态区位商品林赎买的概念界定是首要任务。这其中包含三个递进的概念:重点生态区

①　李国志.森林生态补偿研究进展[J].林业经济,2019(1):32-40.

②　吴强,张合平.森林生态补偿标准体系研究[J].中南林业科技大学学报,2017,37(9):99-103.

③　刘璨,张敏新.森林生态补偿问题研究进展[J].南京林业大学学报(自然科学版),2019,43(5):149-155.

④　王璟睿,陈龙,张燚,等.国内外生态补偿研究进展及实践[J].环境与可持续发展,2019,(2):121-125.

位、重点生态区位商品林、重点生态区位商品林赎买。

重点生态区位是指生态区位极为重要或生态状况极为脆弱,符合国家级、省级重点生态公益林区位条件的林地。

重点生态区位具有涵养水源、维护生物多样性、保护国土生态安全、提升生态服务水平等多种功能。随着福建深入实施生态省战略,福建各级政府对生态保护的力度不断加大,重点生态区位的范围不断扩大,一些位于交通主干线、溪边河边、城市周边以及水源地、风景区的商品林,也被划入重点生态区位,各级政府对划入的商品林采取暂停或限制采伐的保护政策。①

重点生态区位商品林是指位于重点生态敏感区位范围内,符合国家级和省级生态公益林区划条件,暂未按有关规定和程序界定为生态公益林的森林和林地,对生态环境保护具有不可替代的作用。② 另外,在《福建省重点生态区位商品林赎买等改革试点方案》中对重点生态区位商品林有一个简要的界定:重点生态区位商品林是指符合重点生态公益林区位条件,暂未区划界定为生态公益林、未享受中央和省级财政森林生态效益补偿的森林和林地。

关于重点生态区位商品林赎买的概念界定,在福建省政府颁布的试点方案中有了较为明确的提法,共分为五类:(1)赎买。即在对重点生态区位内非国有的商品林进行调查评估的前提下,与林权所有者通过公开竞价或充分协商一致后进行赎买。村集体所有的重点生态区位内商品林须通过村民代表大会同意。赎买按双方约定的价格一次性将林木所有权、经营权和林地使用权收归国有,林地所有权仍归村集体所有。(2)租赁。即政府通过租赁的形式取得重点生态区位内商品林地和林木的使用权,并给予林权所有者适当经济补偿。在租赁期

---

① 林慧琦,王文意,郑晶.重点生态区位商品林赎买的投融资模式研究:以福建省为例[J].中国林业经济,2018,150(3):1-6.

② 李慧琴.三明市重点生态区位商品林赎买及改造提升的实践与探索[J].经济师,2018(10):140-141.

间林地林木所有权不变,参照天然林和生态公益林管理。(3)置换。按照《福建省人民政府办公厅关于开展生态公益林布局优化调整工作的通知》(闽政办〔2014〕160 号)规定的程序和要求,将重点生态区位内的商品林与重点生态区位外现有零星分散的生态公益林进行等面积置换。(4)改造提升。对除铁路、公路干线两侧和大江大河及其主要支流两岸规定范围内的人工"重点三线林"外,其他的重点生态区位中杉木、马尾松、桉树等人工纯林的成过熟林,适当放宽皆伐单片面积限制,允许以小班为单位进行改造,最大面积不超过 300 亩。采伐后不再新种桉树,及时营造乡土阔叶树种或混交林,并根据规划逐步纳入生态公益林管理。(5)其他方式。除上述四种方式以外,各地可根据实际情况,探索入股、合作经营等其他改革方式。

需要指出的是,重点生态区位商品林赎买属于科斯范式的准市场化的生态补偿,相关文献①已经就重点生态区位商品林赎买的理论范式及其与森林生态效益补偿的关系问题进行详细论述,这里不再赘述。本书所涉及的"赎买"主要指第一类即"狭义的赎买",并认为租赁、置换、改造提升和其他方式属于"广义的赎买"。

2.1.4　可持续生计

如第 1 章所述,进入 21 世纪以来,生计观点一直是农村发展和实践的核心。但是,这些观点从何而来,它们的概念根源是什么,以及它们的产生方式受到了哪些影响? Scoones 对此做出了较为系统的回答。② 作为一个变化和灵活的术语,"生计"范围较广,涉及地方(农村

---

① 王季潇,曾紫芸,黎元生.区域生态补偿机制构建的理论范式与实践进路:福建省重点生态区位商品林赎买改革案例分析[J].福建论坛(人文社会科学版),2019(11):185-193.

② Scoones I.Livelihoods perspectives and rural development[J].The Journal of Peasant Studies,2009,36(1):171-196.

或城市生计)、职业(农业、畜牧业或渔业生计)、社会差异(性别、年龄界定的生计)、方向(生计途径、轨迹)、动态模式(可持续或有复原力的生计)等。

生计观点从不同地方不同的人如何生活开始,不同研究者提出了各种定义,例如:"谋生手段"[①]或"所使用的资源和为生活而开展的活动的组合"[②]。作为一个术语,"可持续"、"农村"和"生计"这三个词的联系可能是于 1986 年首次在日内瓦提出的。但直到 1992 年,才由钱伯斯(Chambers)和康威(Conway)提出一个被广泛使用的可持续生计定义:生计包括能力、资产(包括物质和社会资源)和谋生手段的活动。生计是可持续的,只要它能够应对压力、摆脱冲击,保持或加强其能力和资产,同时不破坏自然资源基础。这开启了 20 世纪 90 年代对可持续农村生计研究的起点。早期人们对可持续生计资本的内涵有多种不同的看法,后来逐步统一,把可持续生计资本一致看成生活所需的能力、资产和活动。如果一个个体的生计状况在应对风险和冲击后可以恢复到正常状态,最后还能在不过度消耗资源的基础上优化其能力和资产,那么这种生计状态就是可持续生计。

而国内关于林农生计的定义主要是指生活在林区,从事森林培育、管护和保护等林业工作的农户的生活方式和生活能力。而林农的收入水平和就业方式、途径是其维持生活能力的关键要素,决定了其在应对风险和冲击后是否可以恢复到正常状态,决定了其生计是否具有可持续性,因此本书在实证研究方面主要通过研究林农的收入和就业来探讨重点生态区位商品林赎买对林农生计的影响。

---

① Chambers R,Conway G R.Sustainable rural livelihoods:practical concepts for the 21st century[M].Brighton:IDS discussion paper,1992:296.

② Chambers R.Poverty and livelihoods:whose reality counts? [J].Environment and Urbanization,1995,7(1):173-204.

2.1.5　森林生态保护

森林是一个高密度树木的区域。这些植物群落覆盖着全球大面积土地并且对二氧化碳浓度下降、动物群落、水文湍流调节和巩固土壤起着重要作用,是构成地球生物圈的一个重要方面。森林包括乔木林和竹林。俄国林学家 G.F.莫罗佐夫在 1903 年提出森林是林木、伴生植物、动物与环境的综合体。森林群落学、地植物学、植被学称之为森林植物群落,生态学称之为森林生态系统。在林业建设中,森林是可再生的自然资源,同时也需要得到保护,因其具有经济、生态和社会三大效益。森林生态保护主要是指对森林生态系统的建立和维持提供支撑,衡量森林生态保护效果的最佳指标为森林覆盖率,但由于研究区域的时空局限性、相关技术的限制和获取森林覆盖率变化指标的难度,本书主要通过森林生产性投入的变化来观察森林生态保护这一行为及其效果,如森林生产性投入增加将促使森林生态保护行为增强和森林生态保护效果提升。因此,本书通过论述重点生态区位商品林赎买政策对林业劳动投入(劳动生产要素)和生产支出(资本生产要素)的影响,来论证影响林木所有权和林木管理活动的重点生态区位商品林赎买政策对林业生产性投入的影响,以此来观察其对森林生态保护的影响。由于林农参与重点生态区位商品林赎买政策的林地只占林农所拥有林地的一部分,赎买后林农还有一部分非重点生态区位商品林。本书研究的是通过林业生产性投入来观察赎买政策对森林生态保护的影响,也包括赎买后林农自身对其所拥有(剩下)的林地的劳动投入和生产支出,而这一部分林业生产性投入的增加必然会影响整体的森林生态保护效果。

2.2 理论基础

2.2.1 外部性理论

森林资源作为生物多样化的基础,对人类社会发展具有极大的正外部性,是经济、社会和生态效益的统一体,只有通过森林生态效益补偿才能实现外部性的内化,对森林生态环境保护、森林生态资源开发、人与自然和谐共处具有重要的现实意义。[①]

外部性(或称外部影响)是指某一经济主体的经济行为对社会上其他人的福利造成了影响,却没有为此承担后果。很多时候,某个人(生产者或消费者)的一项经济活动会给社会上其他成员带来好处,他自己却不能由此得到补偿。此时,这个人从其活动中得到的利益(所谓的"私人利益")就小于该活动所带来的全部利益(所谓的"社会利益",包括这个人和其他所有人所得到的利益)。这种性质的外部影响被称为"外部经济"。根据经济活动的主体是生产者还是消费者,外部经济可以分为"生产的外部经济"和"消费的外部经济"。另一方面,在很多时候,某个人(生产者或消费者)的一项经济活动会给社会上其他成员带来危害,他自己却不需要为此支付足够抵偿这种危害的成本。此时,这个人为其活动所付出的成本(所谓的"私人成本")就小于该活

---

① 樊淑娟.基于外部性理论的我国森林生态效益补偿研究[J].管理现代化,2014(2):108-110.

动所造成的全部成本（所谓的"社会成本"，包括这个人和其他所有人所付出的成本）。这种性质的外部影响被称为"外部不经济"。外部不经济也可以视经济活动主体的不同而分为"生产的外部不经济"和"消费的外部不经济"。各种形式的外部影响的存在会造成一个严重后果：完全竞争条件下的资源配置将偏离帕累托最优状态。[①]

新古典经济理论长期以来一直将环境问题定义为外部性，认为解决环境问题需要通过对损害生态系统的活动进行货币惩罚，并对有利于生态系统的活动进行货币奖励，将这些外部性问题内化到市场体系中。其核心特征包括 2 个假设：经济行为是由个人偏好驱动的，目标是最大限度地提高偏好满意度；分析应从公理化的均衡开始。但这也遭到了一些严厉的批评：许多生态系统服务具有非竞争性和非排他性；基于市场的 PES 存在不公平，地球上最富有的居民对全球环境造成了最大的伤害，但基于市场的 PES 可能会迫使最贫穷的人减少最多的消费；生态系统具有高度不确定性；自然价值与市场价值难以衡量；交易成本高、产权不清晰、信息不对称等制度因素对生态系统服务市场会产生不良影响。

许多学者认为 PES 属于解决外部性问题的市场方案，然而 PES 不是标准的市场交易，而是社区、国家或更为一般意义上的公共支付。既然这样，那么，PES 中的产权、交易成本、信息不对称等制度因素就应该得到足够的重视。首先是产权问题。根据 Engel 等的研究[②]，明确界定的生态系统服务权通常与 PES 中的土地所有权有关，明确界定的产权被认为是 PES 成功的基本先决条件。这里的产权涉及 2 个方面：一是谁拥有相关的资源，二是所有者是否有权对它做任何事。拥有资源的主体可以是个人、集体和国家，如果是共同拥有的权

---

① 高鸿业.西方经济学[M].6 版.北京：中国人民大学出版社，2014.

② Engel S，Pagiola S，Wunder S.Designing payments for environmental services in theory and practice：an overview of the issues[J].Ecological Economics，2008，62（4）：663-674.

利,那么就涉及合作的问题而非市场的竞争。所有者是否有权按自己的意愿改变土地用途涉及最终利益的分配。从这 2 个方面可以看出产权界定对 PES 的重要性,也凸显出 PES 的制度特征。另外,产权不仅与土地所有权有关,而且与土地使用权和利用自然资源产生的服务商业化的权利有关。在这方面,PES 反映了对财产权的定义,因为生态系统服务提供者负有维持或从事特定土地利用活动的合同义务,生态系统服务的买方在某些情况下也有权为自己的商业目的进行交易(如碳交易)。其次是交易成本问题,交易成本的存在是区别 PES 项目设计以制度为主还是以市场为主的一个重要因素。正是由于交易成本的存在,在 PES 项目设计和实施中降低交易成本成为一项重要任务。为说清楚交易成本的问题,先看假设交易成本为零的情况,如图 2-1 所示。

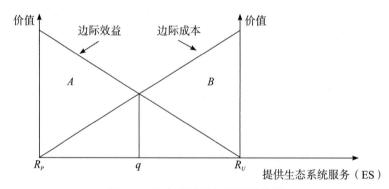

图 2-1　生态系统服务提供的均衡

从图 2-1 可以看出,在交易成本为零的情况下,通过市场机制达到均衡的生态系统服务提供量为 q,在 q 的左边(A)提供生态系统服务的边际收益超过提供生态系统服务的边际成本,提供生态系统服务是有利的。在 q 的右边(B),边际成本大于边际收益,提供生态系统服务是不利的。因此,最终在生态系统服务提供量为 q 的地方达到均衡。以 R_P 为起点代表生态系统服务提供者在交易前拥有定价权,以 R_U 为起点代表生态系统服务购买者在交易前拥有定价权。PES 项目所代表的交易一般从 R_P 开始。显然,如果达到均衡时交易成本大于 A,则交易不会发生。同时,在现实的 PES 实践中,交易成本不可能为零。衡量交易成本的一个前提是对交易成本的界定。科斯认为,交易成本是进行市场交易的成本,这种交易成本指行政成本,即当外部性的解决发生在一家公司内部或由政府监管时所产生的成本。Allen 则提出了更为适合环境和自然资源政策的定义,其认为许多市场失灵问题源于产权的不完整,所以"交易成本是用于建立和维护产权的资源"。但 Allen 的定义排除了信息的成本。[①] 对此,Laura 等提出了更为广泛的定义,即交易成本是用于定义、建立、维护和转让产权的资源。[②] 科斯认为交易成本框架应该足够笼统,既包括市场政策工具,也包括非市场政策工具。在此基础上,Thompson 和 Mccannl 等提出了交易成本的衡量框架。[③④] 交易成本的存在和衡量正是 PES 项目市场与制度之辨的核心所在,Vatn 对此进行了详细的分析[⑤],可用图 2-2 简单说明。

从图 2-2 可以看出,在 PES 项目参与者数量较少的情况下,采用市场交易机制来运作 PES 的总交易成本较低,市场体现出有效性;而在 PES 参与者数量较多的情况下,采用合作等制度机制可以有效降低总交易成本,制度机制体现出有效性。

最后是信息是否完全的问题。PES 市场交易机制的形成必须满

① Allen D W.What are transaction costs? [J].Research in Law and Economics,1991,14:1-18.

② Laura M,Bonnie C K,William E,et al.Transaction cost measurement for evaluating environmental policies[J].Ecological Economics,2005,52(4):527-542.

③ Thompson D B.Beyond benefit-cost analysis:institutional transaction costs and the regulation of water quality[J].Natural Resources,1999,39(3):517-541.

④ Mccannl L,Easter K W.Transaction costs of policies to reduce agricultural phosphorous pollution in the Minnesota River[J].Land Economics,1999,75(3):402-414.

⑤ Vatn A.An institutional analysis of payments for environmental services[J].Ecological Economics,2010,69(6):1245-1252.

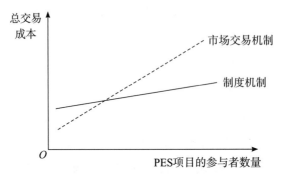

图 2-2　与 PES 项目参与者数量相关的交易成本和交易机制

足 3 个隐含条件，即竞争、明晰的产权和完全的信息。这也是前述科斯型交易 PES 机制形成的前提。但在实践中信息往往是不对称和不完全的。在信息不完全的背景下做出决策是大多数环境政策的一个关键特征。为了解决信息不对称问题，PES 项目引入了中介，在生态系统服务的买方和卖方之间架起了一座桥梁。PES 的中介包括国家、社区、第三方机构等，这也是前述庇古型 PES 的特征。不完全的信息会提高交易成本，造成"逆向选择"和"道德风险"等问题。因而 PES 并不是首先从公共政策转向市场分配，它更多是关于国家、市场、社区关系的重新配置。

2.2.2　公共物品理论

　　重点生态区位商品林被赎买后，其由私人物品变成公共物品中的混合物品。这涉及公共物品理论。当前公共物品理论的主流有新古典公共物品理论和交易范式公共物品理论。

　　现代公共物品理论的诞生，以 19 世纪瑞典经济学家威克塞尔发表的《正义税收的新原则》一文为代表，威克塞尔也因此被称为现代公共物品理论的鼻祖。其提出公共物品决策过程应当将数量和融资手段一起加以考虑，并主张在公共物品决策中采取"一致同意规则"或"相对一致同意规则"。威克塞尔的学生林达尔提出了著名的林达尔均衡：如果每个人都按照自己对公共物品的边际评价出资，则公共物品的自发有效供给可以实现。但林达尔均衡并没办法克服人们隐瞒自身行为的"搭便车"现象。现代公共物品理论的诞生，以萨缪尔森发表的《公共支出的纯理论》一文为标志，萨缪尔森在该文中首次将公共物品与帕累托效率联系起来，并给出了公共物品有效提供的边际条件。之后，马斯格雷夫出版《财政理论研究》一书并提出了有益物品（merit good）的概念，而关于公共物品的"非排他性"和"非竞争性"也由其第一次系统提出。经过萨缪尔森和马斯格雷夫等在理论上的开拓，现代公共物品理论建立在新古典范式基础之上，并成为主流经济学的一部分。关于公共物品理论的这一学派理论一般也被称为新古典公共物品理论。作为主流公共物品理论，"非排他性"和"非竞争性"是其理论和定义的一般特征。公共物品的"非排他性"是指该物品或服务无法排除那些不付费的使用者，也就是排他成本太高。正因为如此，公共物品的私人提供不足，存在所谓的"市场失灵"，所以公共物品需由政府提供。公共物品的"非竞争性"一般从两个维度加以定义：一个是从供给的角度，"提供给额外一个人的边际成本严格等于零"①，霍特林就此提出一个观点，桥梁等公共物品一旦建成就不能再收费，因为根据边际成本为零进行定价，只有不收费才是帕累托最优的；另一个是从需求的角度进行定义，"公共物品是消费外部效应的一类特殊例子：每个人必定消费相同数量的这种物品"②，该定义也经常被通俗地表示为"额外增加一名消费者，不影响原有消费者所能消费的数量"。从公共物品的"非排他性"和"非竞争性"提出之日起，这两个特征就受到广泛的批评，如用边际成本为零来刻画"非竞争性"就受到了科斯的批评。科斯在其 1946 年发表的《边际成本的论争》一文中指

---

① 斯蒂格利茨，沃尔什.经济学（中译本）[M].北京：中国人民大学出版社，2010.

② 范里安.微观经济学：现代观点（中译本）[M].费方城，译.8 版.上海：格致出版社，2011.

出,霍特林等人提出的"边际成本定价法则",其出发点是对产品的平均成本和边际成本做比较,并最终得出结论:企业按边际成本定价,亏损部分由政府补贴。这种定价法至少有三种不足:第一,这种定价法导致了生产要素在不同生产用途间的错误分配;第二,导致了收入的再分配;第三,征收的额外税负会带来其他方面的有害效应。于是,科斯提出了"复合定价"的方案。

不仅如此,新古典公共物品理论还存在几个明显的弊端。第一,新古典范式从物品或服务自身的特性出发对公共物品进行定义,并论证由政府来实现市场所不能达到的资源配置的帕累托最优状态,但政府一定能解决公共物品提供的"市场失灵"问题吗?另外,公共物品市场提供不足本质上是一个配置问题,政府提供公共物品涉及征税的过程,这将不可避免地引入分配问题,新古典范式没办法将分配问题剥离。第二,新古典公共物品理论的需求和供给是完全脱节的,供给由税收来实现融资,需求则交给社会福利函数。新古典公共物品理论没办法证明此过程产生的非效率一定小于公共物品市场供给不足产生的非效率,即便能够证明这点,也无法解释纳税人为何愿意将需求和供给分别加以考虑。①

对新古典公共物品理论批判得比较彻底的是来自公共选择学派的创始人布坎南,布坎南在《公共物品的需求与供给》(1968)一书中,将公共物品定义为:"人们观察到有些物品和服务是通过市场制度实现需求和供给的,而另一些物品和服务则通过政治制度实现需求和供给,前者称为私人物品,后者称为公共物品。"从这一定义可以看出,布坎南并未从"非排他性"和"非竞争性"来定义公共物品,而是强调公共物品需求与供给的"非市场决策过程"。布坎南认为新古典公共物品理论将新古典经济学对私有物品的分析范式直接套用在公共物品身上是不合适的,因为人们在进行公共物品选择或决策的考虑过程与私

---

① 张琦.公共物品理论的分歧与融合[J].经济学动态,2015(11):147-158.

人物品的决策情形是不同的：人们在进行私人物品选择决策时只考虑价格，但进行公共物品选择决策时除了考虑价格，还考虑与他人的互动依赖（如税负分担），而这种互动依赖才是公共物品的本质特征。布坎南还认为经济的本质是人们的自愿交易或交换，在此基础上演化出来的完全竞争市场制度和帕累托效率只是自愿交易的一个实证结果；完全竞争市场制度和帕累托效率准则并不具有任何规范含义，而真正具有规范含义的是自愿交易或交换本身。① 因此，在分析公共物品的需求和供给时，应该从人们的"自愿交易"出发，而不是从"帕累托最优"出发。

当然，关于物品的分类标准各不相同。如 Head 和 Shoup 发现相对成本标准可以区分公共物品与私人物品，该标准也被称为经济效率标准。他们认为无论物品或服务以何种方式被提供，只要它在非排他的情形下以更低的成本在特定的时间或地点被提供，那么它就是公共物品。② Holtermann 认为界定公共物品的标准是物品属性。③ 不同经济物品具有不同的公共性，对应不同的产权配置。巴泽尔则认为由于存在信息成本，任何一项权利都不可能完全被界定。④ 生态资源的一部分价值由于其权利界定的缺失而留在了"公共领域"。Hudson 和 Jones 也认为产权和技术的变化会引起该物品属性的变化，物品分类的唯一标准是公共性。⑤ 物品的分类经历了两分法、三分法到四分法的过程。在两分法中，如萨缪尔森根据物品是否具有排他性和竞争性

---

① 张琦.公共物品理论的分歧与融合[J].经济学动态,2015(11):147-158.

② Head J G,Shoup C S.Public goods,private goods,and ambiguous goods[J].The Economic Journal,1969,79(315):567-572.

③ Holtermann S E. Externalities and public goods[J]. Economica, 1972, 39(153):78-87.

④ 巴泽尔.产权的经济分析[M].费方域,段毅才,译.上海:上海人民出版社,2006.

⑤ Hudson J,Jones P.Public goods:an exercise in calibration[J].Public Choice,2005,124(3):267-282.

将物品分为私人消费物品与集体消费物品,私人消费物品与公共消费物品,纯私人物品与纯公共物品等。布坎南则将物品分为纯私人物品与俱乐部物品。在三分法中,布坎南提出了物品分类的可分性标准①,将物品分为不可分物品、部分可分物品与完全可分物品三类。巴泽尔提出了准公共物品的概念,认为它是纯公共物品与纯私人物品的混合,并由此将物品分成公共物品、混合物品和私人物品三大类。在四分法中,随着布坎南、奥斯特罗姆等人研究的深入,混合物品又被区分为两类:一类是具有排他性和非竞争性的物品,即俱乐部物品或自然垄断物品;另一类是具有非排他性和竞争性的物品,即公共池塘资源或共有资源。②

重点生态区位商品林是我国林业在快速发展过程中出现的一个新的"矛盾体":从区位和生态功能的角度看,它是在生态敏感区范围内以生态服务功能为主的林地;从产权和经营管理的角度看,它由私人所有并承担种植、经营和管理责任,属于以经济效益为导向的商品林。从重点生态区位商品林这一特殊用语的出现过程及其深层次的经济属性看,它首先是林农经过长期种植和管护发展起来的私人物品——商品林。在集体林权改革以后,林权证赋予了林农对这一林地的私人产权,包括林地的使用权、林木的所有权和收益权。其次它才是位于特定的生态区位且具有生态服务功能等外溢性价值的公共物品,并且并不属于那些基础的、社会生产和生活所必需的纯公共物品——这些已经被划为生态公益林。因此,重点生态区位商品林实际上是介于私人物品与公共物品之间的混合物品。③

---

① Buchanan J M.An economic theory of clubs[J].Economica,1965,32(125):1-14.

② 沈满洪,谢慧明.公共物品问题及其解决思路——公共物品理论文献综述[J].浙江大学学报(人文社会科学版),2009,39(6):133-144.

③ 赵业,刘平养.我国重点生态区位商品林规制与补偿机制探讨[J].世界林业研究,2021,34(2):124-129.

通过赎买、租赁、置换、改造提升等方式,重点生态区位商品林转化为生态公益林,商品林这一"混合物品"转化为生态公益林这一"纯公共物品",因此对重点生态区位商品林赎买的研究必须基于对公共物品理论研究的基础之上。

2.2.3 可持续生计理论

生计视角为综合分析复杂、高度动态的农村环境提供了一个独特且重要的视角。以生计和环境变化为重点的研究是 20 世纪 90 年代以来关于农村研究的重点。对动态生态、历史和纵向变化、性别和社会差异以及文化背景的关注意味着地理学家、社会人类学家和社会经济学家对这一时期的农村环境进行了一系列有影响力的分析。以生计和环境变化为重点的研究,界定了环境与发展领域,以及更广泛地关注在压力下的生计问题,其重点是关于生计的应对战略和生计适应(可持续性)。可持续生计一词意味着,面对外部冲击和内部压力,生计是稳定、持久、有复原力和稳健的。可持续性生计资本理论(分析)框架由 Scoones 于 1998 年首次提出,其将投入(指定为"资本"或"资产")和产出(生计战略)与结果联系起来,这些结果将熟悉的领域(贫困线和就业水平)与更广泛的框架(福利和可持续性)结合起来①,具体见图 2-3。

可持续生计资本理论经英国国际发展署的研究和实践后,最终形成一种新的分析框架并被人们广泛接受。该框架显示在不同的背景和环境下,可持续生计是如何通过一系列的生计资产的组合,从而形成不同生计策略的。在该框架中,生计资本分为自然资本、金融资本、人力资本和社会资本。之后,英国国际发展部于 2000 年提出由

---

① Scoones I.Sustainable rural livelihoods:a framework for analysis[M].Brighton:IDS Working Paper,1998.

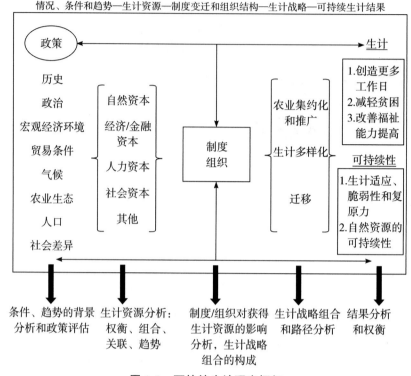

图 2-3 可持续生计研究框架

Scoones 的四种生计资本[1]发展为五种生计资本,即自然资本、金融资本、物质资本、人力资本和社会资本,并形成了一种新的可持续生计分析框架,该框架得到许多学者及组织的采纳,并实践于许多发展中国家,该分析框架见图 2-4。[2] 可持续生计框架所分析的主要问题为:家庭脆弱性的变化趋势,外部冲击对家庭的影响和后果,政策和制度对家庭生计资本的影响以及这两者之间的反馈关系等,生计资本的种类和数量对家庭选择空间和路径的影响等。

该框架总体上描述了农户在市场、制度、政策和自然因素等造成

① Scoones I.Sustainable rural livelihoods:a framework for analysis[M].Brighton:IDS Working Paper,1998.
② 史俊宏.干旱风险冲击下牧户生计策略研究:基于内蒙古牧区的调研[M].北京:中国经济出版社,2015.

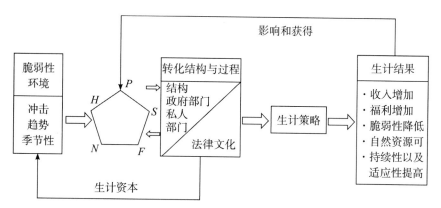

H—人力资本；P—物质资本；N—自然资本；F—金融资本；S—社会资本。

图 2-4　DFID 改进的可持续生计分析框架

的风险性环境中，如何利用自身资源，采取多样的生计策略，进而实现可持续发展的生计结果。该框架是由脆弱性环境、生计资本、转化结构与过程、生计策略和生计结果五个交互变化和相互作用的部分构成的。

（1）脆弱性环境。脆弱性环境是一组外部环境存在于人们当中可能影响他们对生计（来源）敏感性的因素。它是由趋势（如人口趋势、资源趋势）、冲击（如人类、牲畜或者作物健康冲击，自然灾害，经济冲击，国内或者国际战争形势的冲击）和季节性（如价格的季节性、产品或者雇佣机会）构成的。

（2）生计资本。生计资本包括自然资本、物质资本、金融资本、人力资本和社会资本。其中，自然资本是指可以从对生计有用的资源流和服务（如水土流失保护）获取的自然资源储存；物质资本包括支持生计所需的基础设施和生产者物品；金融资本主要是指家庭可以支配以及能够筹措到的现金；人力资本表示能够促使人们追求不同生计策略以及达到他们的生计目标的技术、知识、劳动能力和健康身体的总和；社会资本是人们能够利用来追求他们的生计目标的社会资源。

（3）转化结构与过程。转化结构与过程是指政策、法律、文化和制度等从多方面影响着农户运用其生计资本的各种生计策略的选择，同

时,它与脆弱性环境共同构成了农户生计背景。

(4)生计策略。生计策略由生计活动组成,通过一系列生计活动来实现。个人或家庭实施不同生计策略的能力取决于其所拥有的资产状况,在不同的资产状况下,生计活动呈现多样性,并且相互结合来实现生计策略。

(5)生计结果。生计结果是农户在一定的生计环境下,充分应用生计资本所采取的各种生计策略的结果。例如,收入增加、脆弱性减少、自然资源可持续性以及适应性提高等,生计结果会影响农户的生计资本。

根据上述分析,我们可知实施重点生态区位商品林赎买政策以后,林农将面临生计背景、生计资本的变化,在政策冲击下林农会调整生计策略。因此,在可持续生计分析框架下研究重点生态区位商品林赎买对林农生计的影响,并探讨其对森林生态保护的影响,观察林农生计和森林生态保护之间的互动关系,必将是研究重点生态区位商品林赎买的核心内容。

2.3　生态效益补偿难点和重点生态区位商品林赎买政策演进

生态文明建设不仅是中华民族可持续发展的基本方略，也是关系人民生活的重大社会问题。党的十八大以来，党和政府把生态文明建设作为"五位一体"总体发展规划和"四个全面"战略发展规划统筹推进的重要组成部分。2018 年 3 月通过的宪法修正案将生态文明写入宪法，这充分显示了生态文明建设的重要性。福建省山林资源较为丰富，森林覆盖率连续 42 年位居全国首位；植被生态质量也是稳居全国第一，是真正的"绿色银行"。习近平总书记说"绿水青山就是金山银山"，福建省政府一直秉承着这个理念并不断推动生态环境的改善与建设，从福建成为首个国家生态文明试验区以来，福建省政府一直努力在体制机制上寻求突破与创新，为全国生态文明建设提供可借鉴的经验。重点生态区位商品林赎买是在福建省继续加大环境保护力度后，为解决林农利益与环境效益之间的矛盾而率先进行的一次开拓性探索。鉴于此，本书通过政策文献分析和实践调查研究，基于林农生计的视角，综合运用制度经济学、西方经济学等涉及的外部性理论、公共物品理论、可持续生计理论和生态效益补偿理论等分析方法揭示福建省重点生态区位商品林赎买可能存在对林农生计选择方面的影响，对于商品林赎买政策的深入实施与完善将有一定的参考价值。由于重点生态区位商品林赎买政策属于区域森林生态效益补偿机制的创新，在探讨重点生态区位商品林赎买政策对林农生计和森林生态保护的影响之前，必须了解生态效益补偿遇到的难点和瓶颈问题，并通过政策演进分析探讨重点生态区位商品林赎买对这些难点和瓶颈问题的突破。

2.3.1 生态效益补偿实践中存在的难点

"绿水青山就是金山银山"是习近平生态文明思想的核心理念，"绿水青山"指生态领域中的自然资产，具有生态效益的天然属性，而"金山银山"指自然资产所能产生的经济和社会效益。为了真正实现"两山"理论的目标，党的十八大提出"深化资源性产品价格和税费改革，建立反映市场供求和资源稀缺程度、体现生态价值和代际补偿的资源有偿使用制度和生态补偿制度"。党的十八届三中全会提出充分发挥市场在资源配置中的决定性作用，并提出"坚持谁受益、谁补偿原则，完善对重点生态功能区的生态补偿机制，推动地区间建立横向生态补偿制度"，同时把重点生态功能区和地区间横向生态补偿作为制度建设的重点。党的十八届四中全会进一步要求用严格的法律制度保护生态环境。2016年5月，国务院办公厅发布《关于健全生态保护补偿机制的意见》，指出"到2020年，实现森林、草原、湿地、荒漠、海洋、水流、耕地等重点领域和禁止开发区域、重点生态功能区等重要区域生态保护补偿全覆盖"。生态效益补偿的顶层设计获得重大进展。党的十九大明确提出"建立市场化、多元化生态补偿机制"的要求，为生态效益补偿提出了新要求。

改革开放以来，中国的生态效益补偿实践已经走过了40多年的历程，也取得了巨大的成就。从国家层面来讲，三北防护林工程、退耕还林还草工程、天然林保护工程等取得了巨大的成功，给国家和社会带来了巨大的生态效益；从区域角度来讲，各式各样的生态效益补偿实践广泛开展，流域保护、自然保护区建设、国家公园建设等实践改善了区域的生态环境。然而随着生态效益补偿实践的开展，一些具有共性的难点问题逐渐暴露出来，给生态效益补偿实践带来了一定的阻碍，比如产权问题复杂、市场激励不足、公共物品边界动态变化和各方权益实现困难等问题突出。有效地从理论上和实践中来破解这些难题,成为生态效益补偿实践取得突破的关键。

2.3.1.1　复杂的产权问题是生态效益补偿实践的理论逻辑难点

要理解生态效益补偿实践中复杂的产权问题,必须理解产权的起源、产权的分配、相对的产权等产权问题的基础理论,并结合中国实际进行探讨和分析。

在产权的起源方面,毫无疑问,国家和政府在其中扮演着最重要的作用,我们国家的基本经济制度是以公有制为主体、多种所有制经济共同发展的制度,这决定了国家大部分生态和自然资源的产权属于国家和集体所有,这样的一种产权起源使得主要对生态和自然资源进行保护的生态效益补偿具有不同于西方国家的生态系统服务付费的逻辑起点。这样的一种逻辑起点可以在短时间内运作大范围的项目,如退耕还林还草项目,但在实际操作过程中又会由于复杂的产权问题带来不符合帕累托效率的后果。如何细化产权、明晰产权成为基于复杂产权的一个棘手问题。为了更有效地规避复杂产权的问题,我们国家提出了“三权分置”,即“所有权、经营权、承包权”三权分置。从当前实际出发,实施“三权分置”的重点是放活经营权,核心要义是明晰赋予经营权应有的法律地位和权能。“三权分置”实际上是力图从侧面解决复杂产权的起源问题,并以此带来效率的提高。但在实际操作层面却面临着交易成本过高的问题,而过高的交易成本本身又会带来效率的降低。由此而产生的生态效益补偿制度就会因为过高的交易成本和复杂的产权问题带来效率的损失。

在产权的分配方面,实际上主要指外部性如何内部化的问题。如果我们假定产权的初始分配是明确的和没有阻碍的,这和我们国家的生态和自然资源的产权主要由国家和集体所有没有冲突。但进一步的产权分配却可能给我们带来极大的问题,并阻碍生态效益补偿的进一步实施。这里面涉及产权的“界定不完全”是大多数生态效益补偿实践所面临问题的根源。比如,空气和公共海域的产权"界定不完全",因而任何试图分配空气或公共海域的产权都会存在非常大的困难,这时产权的分配会伴随着很高的交易费用,甚至是无法完成的。那么,不完全的产权界定就会产生外部性,生态效益补偿实践要做的就是将这种外部性内部化,而禁止产权的调整,禁止建立可供交易的所有权,是外部成本和收益内部化的主要障碍。根据前文的分析,科斯定理给我们指明了方向,其认为无论产权初始分配如何,只要交易费用为零,个人将会对他们的权利进行交易,直至实现帕累托最优的资源配置。然而,科斯定理所假定的前提恰好和我们国家目前的情况有些出入:第一,在交易费用较高、帕累托最优的资源配置没办法实现的情况下,产权的初始分配就显得极为重要;第二,产权再次分配以后,个人是否能比较顺畅地交易他们对生态和自然资源的权利则最终影响到资源能否有效配置。其实,当前制约生态效益补偿实践的瓶颈主要在于产权的分配,这也和生态、自然资源本身的产权特性密切相关,当然其中还夹杂着诸如"搭便车"的问题需要解决,这无疑更加大了生态效益补偿实践的难度。

在相对的产权方面,这体现了复杂产权在实践中的逻辑起源。从本质上讲,经济学研究的是稀缺资源的产权。绝对的产权主要指有形物品的所有权。而在自然和生态领域,很多方面涉及无形物品的所有权,这就需要考虑相对产权的问题。相对产权可能源于自由达成的合约,当交易双方不可能立即执行时,交易的承诺和执行之间会存在时间间隔,正所谓"缺乏同步性"。大部分生态效益补偿正是基于隶属相对产权的合约,而这里面一个关键问题就是"不对称信息"问题,由此可引发"道德风险"和"逆向选择",并造成效率的损失。当前,在我国生态效益补偿实践中,"道德风险"和"逆向选择"是造成生态效益补偿问题的一大根源。相对产权包含三种主要的合约理论:代理合约理论、自我履约协议、关系合约理论。这三种合约在我国的生态效益补偿实践中均有体现,合约的拟订以及今后的履行会受到正交易费用以

及与这些费用有关因素的影响。合约的履行要受到合约的一些基本
原则的限制,比如合约责任、合约自由、合约义务。合约责任的准备、
决定和执行可以在不同的制度框架内进行,其应受一个高效科层的指
挥,但在我国的一些区域性生态效益补偿实践中,这没办法很好被满
足;合约自由原则对资源的有效使用是至关重要的,这种自由允许产
权有效转移,但我国大部分地区的生态效益补偿实践并不能做到这
点,这就造成了效率的损失;合约自由并不能将政府活动排除在外,在
一定条件下,政府可以强制执行自由达成的合约,这使得合约义务对
政府和农民等个体来讲有一定程度的冲突,这也制约了生态效益补偿
的实施。

2.3.1.2　不足的市场激励是生态效益补偿实践的现实阻碍

内在的动机和外在的激励是生态效益补偿实践必须面临的两大
课题。生态效益补偿的经济逻辑起点是通过补偿让人们施行保护生
态环境的行动,我们有理由相信这样的逻辑可以起作用,但还应该考
虑三个问题:第一个问题,什么样的动机使生态效益补偿成为吸引参
与者的因素? 第二个问题,参与者如何看待付款或者所谓的补偿、激
励? 第三个问题涉及这样一个事实,即补偿并不是影响生态和自然资
源使用的唯一潜在动机结构,这可能会影响补偿的效果,也就是是否
存在"挤出效应"?

关于第一个问题,在生态效益补偿(PES)中买、卖双方参与的动
机直接影响着最终的效率。在我们国家的具体实践中,有些生态效益
补偿项目对参与者来说是较为被动的。生态效益补偿的实践往往通
过货币激励的形式来完成,但是货币激励的大小直接关系到参与者的
参与意愿,货币激励太小会影响参与者的积极性,货币激励过大则会
极大地增加实施生态效益补偿项目的成本,制定具体补偿标准是一件
比较困难的事情。而参与者的动机多种多样,并不是单纯靠货币激励
可以完全覆盖的,这就使得生态效益补偿实践的难度增大,效率降低。

关于第二个问题,生态效益补偿的激励对于补偿双方来说可能标准不一样。对于生态系统服务的提供方(卖方)来说,如果从理性的角度看,当然要补偿其所付出的成本,但由于生态效益补偿实践中资金往往不足,难以完全覆盖生态系统服务提供方所付出的成本,造成有效激励不足,降低了生态效益补偿的效率,给生态效益补偿实践的目标达成增加了困难。而对于生态效益补偿的提供方(买方)来说,补偿的金额标准直接关系到其能否有效提供补偿款。从大部分的生态效益补偿实践来看,生态效益补偿的提供方往往面临资金困难,没办法完全提供符合生态系统服务提供方所要求的资金额度,这就限制了生态效益补偿实践的规模,并使其效果大打折扣。

关于第三个问题,如前所述,纯粹的理性选择范式越来越受到行为经济学的质疑,比如存在着个人行动的替代动机。特别是,个人的行为可能对内在动机作出独立于外部激励的反应。[1] 在环境政策方面,个人可能有不同程度的内在动机来保护环境。至关重要的是,外部货币激励的效果可能取决于个人的内在动机。例如,经济学和心理学文献中的一些研究表明了一种挤出效应,即货币激励实际上可能降低以某种方式行事的内在动机。Frey 研究表明,当个人将一项政策视为控制或调节内在动机的外部工具时,它可能会削弱个人的自决权,从而削弱与生态行为相关的福利。[2] 货币激励可能破坏生态保护效果的另一种机制是外部激励可能会将个人的决定从社会层面的思考转移到货币层面的思考,一旦产生这种变化,货币激励的水平就超出了内在动机。这表明,在逐步取消生态效益补偿项目后,保护水平实际上可能会下降。由于这样的挤出效应的存在,弱化了生态效益补偿的激励作用,导致了生态效益补偿效果的降低。

---

① Deci E L,Richard M R.Intrinsic motivation and self determination in human behavior[M].New York:Plenum,1985.

② Frey B S.Tertium datur:pricing,regulating and intrinsic motivation[J].Kyklos,1992(45):161-184.

2.3.1.3　公共物品边界动态变化是生态效益补偿实践的理论瓶颈

如前所述,萨缪尔森在给出公共物品有效提供的边际条件时第一次将帕累托效率与公共物品联系起来。之后,马斯格雷夫,第一次系统提出公共产品的"非排他性"和"非竞争性"。公共物品的"非竞争性"一般从供给和需求这两个维度加以定义[①②]。当然,关于物品的分类标准各不相同[③],可以从相对成本的标准来区分私人物品和公共物品[④],可以从物品属性的角度界定经济物品的公共性[⑤],可以从信息成本影响权利来界定公共物品[⑥],另外,产权和技术的变化也会引起物品属性的变化[⑦]。由此可知,公共物品的边界是动态变化的,这就使得基于公共物品理论的生态补偿实践出现了理论上的模糊地带。比如,重点生态区位商品林赎买政策的实施,使得原来属于私人物品的商品林,变为属于公共物品的公益林,这种私人物品和公共物品间的转化,由于公共物品边界动态变化带来了理论上的逻辑难点和实践中的困难。而更多的生态效益补偿实践涉及生态和自然资源,公共物品的界定困难和其边界的动态变化,无疑是生态效益补偿实践中难以逾越的理论鸿沟,如何解决公共物品边界的动态变化问题成为生态效益补偿

---

① 斯蒂格利茨,沃尔什.经济学(中译本)[M].北京:中国人民大学出版社,2010.

② 范里安.微观经济学:现代观点(中译本)[M].费方城,译.8 版.上海:格致出版社,2011.

③ 张琦.公共物品理论的分歧与融合[J].经济学动态,2015(11):147-158.

④ Head J G,Shoup C S.Public goods,private goods,and ambiguous goods[J].The Economic Journal,1969,79(315):567-572.

⑤ Holtermann S E. Externalities and public goods[J]. Economica, 1972, 39(153):78-87.

⑥ 巴泽尔.产权的经济分析[M].费方域,段毅才,译.上海:上海人民出版社,2006.

⑦ Hudson J,Jones P.Public goods:an exercise in calibration[J].Public Choice,2005,124(3):267-282.

实践中亟须解决的问题。

2.3.1.4　权益实现困难是生态效益补偿实践机制的现实痛点

生态效益补偿实践中的一个现实痛点是各方的权益实现困难。生态效益补偿实践中要实现各方的权益面临着两个主要的问题：一是生态产品价值的估算问题；二是生态产品价值的实现问题。

生态产品价值的估算是一个大型工程，但其又是生态产品价值实现的前提条件。当前，我国的生态产品价值估算面临着不少问题，比如生态产品本身的概念界定模糊不清，生态产权界定不清，生态产品价值估算方法不统一。生态产品本身的概念界定是确定生态产品边界的前提，模糊不清的概念界定直接影响到后续的产权界定、价值估算、价值实现等问题；生态产权的明晰是生态产品市场交易的前提条件。当前我国的生态产权由于国情和技术的原因，在很多领域依然进展较慢，比如碳排放权、排污权等产权界定依然不够清晰。到目前为止，我国仅在 2016 年出台了《水权交易管理暂行办法》，而关于碳排放权等重要的生态产权界定还处在起步阶段，生态产权的明晰化亟待加强；而各个地方由于统计方法的不一致，引起了生态产品价值估算的巨大区别，同时由于生态产品价值核算方法的不一致，导致了生态产品价值量化的困难。

生态产品价值的实现实际上是"绿水青山就是金山银山"的实现路径，在生态产品价值的估算问题没办法很好地解决之前，生态产品价值的实现问题也很难被全面解决。除了生态产品价值的估算，生态产品价值的实现还存在价值实现的路径机制不够完善、各个区域各个分类的生态产品价值实现路径不一致、理论基础的支撑演进速度较慢、政策制定落后于实践的需求等问题。当前，生态产品价值实现关系到生态效益补偿的进一步推进，生态产品价值实现困难直接导致了各方权益实现困难，而权益实现困难又影响到各方进行生态效益补偿的意愿、动机和激励，可以说，生态产品价值实现难题是生态效益补偿的主要瓶颈问题。

作为区域森林生态效益补偿机制,重点生态区位商品林赎买政策的实施正是为规避上述生态效益补偿机制遇到的难点和瓶颈问题,对此,必须了解重点生态区位商品林赎买的政策演进,并在此基础上探讨其对林农生计的影响机理。

2.3.2　重点生态区位商品林赎买政策演进

为保护生态环境,福建省于 2002 年印发《福建省森林采伐管理办法》、2003 年印发《福建省调整商品林采伐管理政策的意见》等政策对商品林采取严格的采伐限制。考虑到进一步发挥森林的生态效益,有些林农培育的人工林被划为重点生态区位商品林,对林农生计造成影响。[①] 为化解林农利益与生态环境保护的矛盾,福建省政府继林权改革后,在政策、机制和体制上寻求突破与创新,率先推行重点生态区位商品林赎买的政策改革,将重点生态区位内商品林通过赎买、置换等方式逐步调整为公益林,进一步优化生态公益林的布局,以充分发挥森林的社会生态效益。

基于对福建省历年相关政策的分析(见表 2-1),福建省 1998 年开始对森林进行分类经营的改革,根据不同用途将森林划分为商品林和生态公益林,并在 2001 年开始对被划入生态公益林的集体山林按照面积给予生态补偿。自 2003 年福建省推行集体林权制度改革后,部分公益林被误判分给林农导致林权分散、林权主体增多,由此引发林业经营粗放化、林地破碎化等问题,不利于森林生态效益的发挥。为解决生态公益林破碎化等问题,福建省进一步探索和完善公益林的管理和补偿制度,于 2012 年通过完善生态补偿机制,加强重点生态区位

---

① 赵业,刘平养.我国重点生态区位商品林规制与补偿机制探讨[J].世界林业研究,2021,34(2):124-129.

表 2-1　福建省重点生态区位商品林赎买的政策演进

时间	相关政策	主要内容
2012 年 9 月	《福建省人民政府关于进一步加快林业发展的若干意见》（闽政〔2012〕48 号）	完善生态补偿机制，强化重点区位生态保护，征收森林资源补偿费
2012 年 12 月	《福建省林业厅关于公布国家级生态公益林和省级生态公益林及重点生态区位商品林区划界定范围的通告》（闽林〔2012〕10 号）	全省共区划界定国家级生态公益林 148.578 万平方公顷、省级生态公益林 137.400 万平方公顷、重点生态区位商品林 65.158 万平方公顷
2014 年 4 月	国务院《关于支持福建省深入实施生态省战略加快生态文明先行示范区建设的若干意见》（国发〔2014〕12 号）	国家层面支持福建省开展先行先试。开展生态公益林管护体制改革、国有林场改革、集体商品林规模经营等试点
2014 年 12 月	《福建省人民政府办公厅关于开展生态公益林布局优化调整工作的通知》（闽政办〔2014〕160 号）	提出采取置换、赎买等方法，逐步将重点区位内商品林调整为生态公益林
2015 年 6 月	《福建省人民政府关于推进林业改革发展加快生态文明先行示范区建设九条措施的通知》（闽政〔2015〕27 号）	开展重点生态区位商品林赎买等改革。探索通过政策性或商业性收储重点区位商品林、置换、赎买、租赁、入股等多种形式
2015 年 7 月	《关于开展重点生态区位商品林赎买等试点工作的通知》（闽林综〔2015〕55 号）	正式启动福建省重点生态区位商品林赎买试点工作，确定武夷山、永安、沙县、武平、东山、永泰、柘荣等 7 个县（市）为 2016 年省级试点县
2016 年 8 月	《国家生态文明试验区（福建）实施方案》（中办、国办〔2016〕26 号）	进一步发挥福建省生态优势，深入开展生态文明体制改革综合试验，建设国家生态文明试验区

续表

时间	相关政策	主要内容
2017 年 1 月	《福建省人民政府办公厅关于印发福建省重点生态区位商品林赎买等改革试点方案的通知》(闽政办〔2017〕9 号)	确定重点生态区位商品林赎买等改革试点方案,创新重点生态区位商品林的经营管理模式,为全省乃至全国提供可复制可推广的经验

的生态环境保护,同时开始征收森林资源占用补偿费。为进一步深化重点生态区位的生态环境保护,2012 年福建省林业厅公布《国家级生态公益林和省级生态公益林及重点生态区位商品林区划界定范围的通告》,对福建省重点生态区位商品林进行了范围界定,全省重点生态区位商品林面积约 65.158 万平方公顷。2014 年福建省获国家层面支持开展重点生态区位商品林赎买政策先行先试的权利,将重点生态区位内禁止采伐的商品林通过赎买、置换等方式调整为生态公益林。2015 年福建省正式印发《关于开展重点生态区位商品林赎买等试点工作的通知》,在全国率先开展重点生态区位商品林赎买等改革试点工作,并于 2017 年印发《福建省重点生态区位商品林赎买等改革试点方案》,确定重点生态区位商品林赎买等改革试点方案,计划形成一批可复制可推广的成果,为全国生态文明体制改革创造出一批典型经验。综上所述,福建省通过不断完善相关政策深化推进重点生态区位商品林赎买改革,从而有序推进生态省建设,实现生态环境和林农利益相统一的政策目标。

福建省推出重点生态区位商品林赎买政策,力图从理论上和政策实践中突破生态效益补偿面临的相关难点,主要体现在通过政策的实施明晰、改变和完善重点生态区位商品林的产权,从根本上理顺各方的权利和义务,有效促进重点生态区位的生态保护;通过政策的实施对林农形成一定程度的激励,鼓励林农参与重点生态区位商品林的赎买,从而达到生态保护和林农得利的双重目标;通过政策的实施确定重点生态区位商品林这一公共物品的理论边界,防止或解决由公共物品边界动态变化所带来的相关问题;通过政策的实施理顺并实现林农、集体等各方的权益,以有效推进重点生态区位商品林赎买进而达成政策目标。

2.3.3　福建省重点生态区位商品林赎买政策实施现状

为贯彻落实《国家生态文明试验区(福建)实施方案》和《福建省贯彻落实〈国家生态文明试验区(福建)实施方案〉任务分工方案》,保障福建省重点生态区位商品林赎买等改革试点工作规范、有序开展,结合福建省林业发展实际,福建省人民政府制定《福建省重点生态区位商品林赎买等改革试点方案》,对基本原则、资金筹措和后续管理等进行了详细的论述。

2.3.3.1　福建重点生态区位商品林赎买基本原则

(1)政府主导原则。充分发挥政府的主导作用,整体调控、分步实施,推动各项工作平稳、有序进行,促进重点生态区位内森林资源质量、生态服务功能持续提高,维护林权所有者的合法权益。

(2)自愿公开原则。改革应遵循自愿原则,做到公开、公正、公平。

(3)优先原则。区位优先,即优先赎买世遗地、国家公园、保护区、水源地、森林公园及基干林带等重要生态区位林木;权属优先,即个人所有、合作投资造林等非集体权属林木优先赎买,集体权属次之,确保林区稳定;起源优先,即起源为人工林优先赎买,以切实保障林农生产积极性;树种优先,即优势树种为杉木、马尾松的优先赎买,赎买后改造为针阔混交林,提升整体生态功能。

2.3.3.2　福建重点生态区位商品林赎买资金筹措

"十三五"期间,福建实施重点生态区位商品林赎买等改革试点面积 20 万亩,其中赎买 14.2 万亩,赎买具体价格由各县(市、区)政府根据实际情况确定。建立多元化资金筹集制度。改革资金由设区市和试点县根据改革形式多渠道筹措,省级财政根据各试点县(市、区)重点生态区位商品林等改革试点开展情况予以适当补助。

2.3.3.3　福建重点生态区位商品林赎买后续管理

(1)落实管护责任主体。重点生态区位内的商品林被赎买后,确认林木所有权和林地使用权收归国有,由当地政府交由县级国有林场或其他国有森林经营单位进行统一经营管理,落实管护主体,实行集中统一管护,确保国有资产保值增值。租赁的重点生态区位商品林与生态公益林、天然林的管护结合起来,由乡镇聘请护林员划片区进行统一集中管护。

(2)建立生态公益林储备库。对重点生态区位内的商品林通过赎买、租赁、置换等改革后,要及时建立生态公益林储备库,并按生态公益林布局优化调整、建设项目使用生态公益林地"占一补一"等政策规定,在维持生态公益林总面积不变的前提下,及时调整为生态公益林。

(3)科学经营管理。赎买后重点生态区位内的商品林应根据林分状况,制定适宜的经营管理措施。对针叶纯林,应根据林分生长状况,适时采用抚育间伐、择伐、林下补植乡土阔叶树等营林措施,逐步改培成针阔混交林或以阔叶树为优势树种的林分,改善和提升其生态功能和景观功能。对适宜发展林下种植的,应精准施策,科学发展林下经济,增加林农收益。

2.4 分析框架

重点生态区位商品林赎买政策对林农生计和森林生态保护会产生何种影响是本书要解决的核心问题。为了解决这一问题,本书依据外部性理论、公共物品理论、可持续生计理论等分析框架,分别探讨重点生态区位商品林赎买对林农生计的影响,重点生态区位商品林赎买对森林生态保护的影响,以及在重点生态区位商品林赎买政策背景下林农生计和森林生态保护的关系。

第一,重点生态区位商品林赎买对林农生计的影响。人类和生态系统之间的相互关系是可持续发展的核心科学命题之一,生计作为人类最基本的行为方式,对人地关系的演化起着重要的推动作用。生态效益补偿政策是我们国家解决可持续发展问题的一个战略举措,是实现生态文明的重要抓手,而制定作为区域生态补偿机制[①]的重点生态区位商品林赎买政策也是为了实现森林生态保护和提升林农生计的目标。由于农户生计策略是动态的,当环境背景、生计资本和政策制度等发生剧烈变化时,农户往往会转变其生计策略以适应新的人地关系,这种生计策略的转变体现为生计资本的重新组合,或生计活动的重新选择,或资源获取机制的重新调整,或对生态环境的重新适应等,生计策略转型已经成为农户响应人地关系变化的最佳选择。[②] 重点生

---

① 高孟菲,王雨馨,郑晶.重点生态区位商品林生态补偿利益相关者演化博弈研究[J].林业经济问题,2019,39(5):490-498.

② 杨伦,刘某承,闵庆文,等.农户生计策略转型及对环境的影响研究综述[J].生态学报,2019,39(21):8172-8182.

态区位商品林是我国林业在快速发展过程中出现的一个新的"矛盾体":从区位和生态功能的角度看,它是在生态敏感区范围内以生态服务功能为主的林地;从产权和经营管理的角度看,它由私人所有并承担种植、经营和管理责任,属于以经济效益为导向的商品林。集体林权改革以后确权到户、承包到户的集体林,农户的所有权(使用权)是明晰的。将这部分商品林划为重点生态区位商品林虽然对生态环境保护起到了积极作用,但也在很大程度上造成了林农利益的损失,削弱了集体林权改革的正向效益。[①] 因此,赎买政策作为一种区域生态效益补偿机制,其目的是化解生态保护和林农生计的矛盾。基于空间选择所实施的生态效益补偿是当前保护重点生态功能区的常用方法,也是建立生态效益补偿机制的基础。[②] 另外,根据可持续性生计分析框架,农户生计变化的驱动因素可以分为内生性因素和外生性因素两大类。内生性因素以农户的生计资本状况为代表。外生性因素包括农户所处的自然环境、接受的政策制度等。作为外生性因素,重点生态区位商品林赎买影响林农生计应该也和林农本身的生计资本状况有关。因此,要搞清楚重点生态区位商品林赎买与林农生计的关系必须从经典的经济学范式入手,研究商品林赎买对林农收入(生计资本)和劳动力(生计活动)的影响,进而探讨商品林赎买对林农生计影响的直接和间接路径,其中直接路径以补偿款提升林农收入为代表,间接路径表现为商品林赎买促进劳动力转移并放松了流动性约束,进而提高了林农的收入,改善了林农的生计。同时,进一步探讨商品林赎买对林农就业结构的影响,主要研究农业劳动向非农劳动的转移,并研究林农事先拥有的物质资本(流动性约束)和人力资本对非农劳动的异质性影响,并以此来观察哪些类型的林农更容易在重点生态区位商

---

① 赵业,刘平养.我国重点生态区位商品林规制与补偿机制探讨[J].世界林业研究,2021,34(2):124-129.

② 孙郎峰,仇蕗,范经云.新疆重点生态功能区生态补偿的空间选择研究[J].干旱区地理,2021,44(2):565-573.

品林赎买政策下改变就业结构。

第二,重点生态区位商品林赎买对森林生态保护的影响。重点生态区位商品林赎买最重要的目标是森林生态保护,而衡量森林生态保护的行为及效果可从林业生产性投入入手,林地、资本(生产支出)和劳动力是森林资源管理的基本生产要素。[①] 赎买过程中,林地的数量不会发生变动,但生产支出和劳动力(林业劳动)会产生变化,因此,森林生产性投入可从资本和劳动力(林业劳动)加以衡量,并以此来考察森林生态保护的行为及效果。根据以往研究[②],财政激励是可持续森林资源管理最重要的政策之一,是森林经济发展的必要条件。财政激励改善了林业的市场条件,从而增加了农村经济发展的潜力。除了财政激励外,影响森林资源管理的潜在收益和成本的因素将与其对森林的生产要素分配有关,如市场准入、森林生产的投入和产出价格、生产要素替代品的价格。另外,生产支出的预算限制是决定生产性森林投入使用的关键因素。同时,森林所有者的特征可以用来预测森林所有者对林业投资的倾向或对公共政策和方案的反应,并映射到市场价格。而资本(生产支出)和劳动力是森林资源管理的基本生产要素。因此,作为一项财政激励措施,重点生态区位商品林赎买对森林生态保护的影响研究可从商品林赎买对林业的生产性投入的影响研究入手,而林业的生产性投入(支出)包括劳动和资本等生产要素。由此问题转化为研究重点生态区位商品林赎买对林农劳动和资本投入的影响。

第三,在重点生态区位商品林赎买政策背景下林农生计和森林生态保护的关系。经济学家和环保主义者都呼吁扩大使用基于市场的

① Frey B S.Tertium datur:pricing,regulating and intrinsic motivation[J].Kyklos,1992(45):161-184.

② Can L,Hao L,Sen W. Has China's new round of collective forest reforms caused an increase in the use of productive forest inputs? [J].Land Use Policy,2017(64):492-510.

工具（market-based instruments，MBIS）来解决不断恶化的环境问题。[①] 传统的微观经济学（价格理论）长期以来一直将环境问题定义为外部性，其认为解决环境问题需要通过对损害生态系统的活动进行货币惩罚，并对有利于生态系统的活动进行货币奖励，将这些外部性内化到市场体系中。然而，类似市场的方法也招致了严厉的批评。一个标准的批评是，许多生态系统服务既没有包括也不可包括竞争：市场对不可包括竞争的资源不起作用，对不可竞争的资源效率低下。[②] 另一个主要的批评是，MBIS 是非常不公平的：地球上最富有的居民对全球环境造成了最大的伤害，但 MBIS 可能会迫使最贫穷的人减少最多的消费。[③] 如前所述，科斯型 PES 是一种基于市场的工具，通过"获得生态系统/环境服务的价格权利"来内化环境外部性，或者创造一个市场，通过支付"提供有价值的环境服务所需的土地管理变革的机会成本"来实现生态系统/环境服务的供给。因此，科斯型 PES 可以通过市场的手段来提高经济效率，以达到保护环境的目的。然而，科斯型 PES 往往忽视公平的问题，因为其认为经济效率的提高可以独立于产权的分配，真正重要的是关注整体的经济效率提高，而非经济效益在各个经济主体间的分配。公平问题不可忽视，因为旨在获得有效结果的 PES 项目可能会改变（有时还会加强）现有的权力结构和获得资源方面的不平等，从而产生重大的公平影响。同时，如果区域生态补偿机制加剧了林农收入的不平等，则其森林生态保护的效果会大打折扣，因为低收入的林农有可能为了生计的需要而破坏森林生态保护。森林生态效益补偿（PES）能否在保证弱势群体利益的基础上实现效

---

① Joshua F，Abdon S，Matthew B.Extending market allocation to ecosystem services：moral and practical implications on a full and unequal planet[J].Ecological E-conomics 2015(117)：244-252.

② Farley J，Costanza R.Payments for ecosystem services：from local to global [J].Ecological Economic，2010(69)：2060-2068.

③ Limburg K E.O'Neill R V，Costanza R，et al.Complex systems and valuation [J].Ecological Economic，2002(41)：409-420.

率的提高？能否出现扶贫和实现生态效益的双赢局面？生态环境与
生计策略之间的影响是双向且复杂的,生计策略的转变对环境造成影
响,同时,生态环境的变化又促使生计策略的转型。基于此,为探讨在
区域生态效益补偿机制重点生态区位商品林赎买的背景下林农生计
和森林生态保护的关系,进而评估重点生态区位商品林赎买的经济效
益(林农生计)和生态效益(森林生态保护)间的关系,评估标准必须包
括传统的经济标准,如对成本效益、效率和效用的影响,而且还应包括
公平性问题,即为了提高经济效益(生计)造成生态效益下降(毁林)问
题的人应该为此付出成本(代价)。必须找到一个阈值(平衡点),因为
超过这个阈值的生态系统的边际损失很大可能会对人类福利产生不
可估量的影响。

根据上述分析,可以沿着以下框架来研究林农生计和森林生态保
护之间的关系:第一,区域生态补偿机制——重点生态区位商品林赎
买改变了林农生计,林农生计的改变影响了森林生态保护;第二,区域
生态补偿机制——重点生态区位商品林赎买促进了森林生态保护,森
林生态保护进而改变了林农生计。也就是说,在重点生态区位商品林
赎买政策背景下,林农生计和森林生态保护的关系是双向的。而其中
的一个关键问题在于重点生态区位商品林赎买是否能促进林农收入
更为平等,这一问题关系到森林生态效益补偿的公平性和有效性,也
是森林生态保护和林农生计正向循环的前提。而林农生计的变化会
对森林生态保护产生何种影响是最后需要明确的内容。具体分析框
架见图 2-5。

根据上述分析框架图,研究共分为三个部分:第一部分为重点生
态区位商品林赎买对林农生计的影响研究;第二部分为重点生态区位
商品林赎买对森林生态保护的影响研究;第三部分探讨重点生态区位
商品林赎买背景下林农生计及森林生态保护的关系。在遵循生态效
益补偿(PES)理论、外部性理论和公共物品理论的基础上,分析重点
生态区位商品林赎买对生态效益补偿实践所存在难点在政策上的演

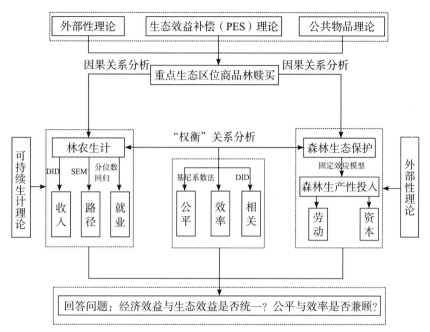

图 2-5　分析框架

进和突破。在此基础上结合可持续生计理论就重点生态区位商品林赎买对林农生计的影响机理进行分析,用基于反事实的政策评估双重差分(DID)计量经济模型研究重点生态区位商品林赎买对林农收入和劳动力的影响,用结构方程模型(SEM)研究重点生态区位商品林赎买对林农生计影响的路径,结合四分位数回归和 Logistic 回归分析方法探讨重点生态区位商品林赎买对林农就业结构的影响,同时运用外部性理论分析重点生态区位商品林赎买对森林生态保护的影响,主要通过固定效应模型从劳动和资本的维度探讨政策对森林生产性投入的影响,进而观察政策实施的森林生态保护效果。最后运用基于反事实的政策评估双重差分(DID)计量经济模型研究林农生计及森林生态保护的关系,在此基础上回答重点生态区位商品林赎买政策的实施是否带来经济效益与生态效益的统一、公平与效率是否兼顾等重要问题。

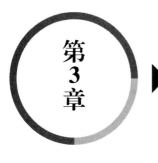

第3章

▶ 重点生态区位商品林赎买政策调研问卷设计及统计结果

本书主要研究目标为探讨重点生态区位商品林赎买对林农生计及森林生态保护的影响,论证区域生态补偿机制与林农生计和森林生态保护的逻辑关系。首先,考察重点生态区位商品林赎买对林农生计的影响,具体包括重点生态区位商品林赎买对林农家庭收入的影响及其路径研究和重点生态区位商品林赎买对林农家庭就业结构的影响研究,从物质资本和人力资本两个维度探讨重点生态区位商品林赎买对非农劳动力影响的异质性;其次,研究重点生态区位商品林赎买对森林生态保护的影响,主要研究重点生态区位商品林赎买对林农森林生产性投入的影响;最后,考察在重点生态区位商品林赎买背景下,林农家庭生计与森林生态保护间的权衡关系。基于以上研究目标,本章进行调研问卷的设计,通过对实施重点生态区位商品林赎买政策的相关地区进行抽样调查,深入调研政策实施地点的林农生计变化情况及森林生态保护情况,并对调研获取的数据进行描述性统计分析,在此基础上建立重点生态区位商品林赎买对林农生计及森林生态保护影响的指标体系和数据汇总,为第4~6章的实证分析提供数据支撑。

3.1　调查研究设计

3.1.1　调查问卷设计

为更好探究重点生态区位商品林赎买对林农生计及森林生态保护的影响,笔者根据研究需要及研究逻辑思路确定调研内容和问卷构成。调研包括三部分内容:一是与当地主管林业的市(县)领导及林业相关部门座谈,了解当地林业历史背景、发展现状及重点生态区位商品林赎买政策实施的相关细节,力图从总体上把握重点生态区位商品林赎买政策实施前后林农生计及森林生态保护相关变化情况,同时了解政策实施过程中遇到的问题及当地采取的解决方案;二是与当地林业站站长、村镇党政领导、村民代表进行半开放式座谈,了解具体地区重点生态区位商品林赎买政策的执行情况、林农参与情况,从总体上把握林农对重点生态区位商品林赎买政策施行的态度及配合情况,同时了解重点生态区位商品林赎买政策给林农家庭带来的机遇与挑战;三是对林农以一对一的引导式方法进行问卷调查,全方位了解重点生态区位商品林赎买政策对林农生计及森林生态保护的影响,全面收集相关数据为之后的实证分析及论证做充分准备。

为研究重点生态区位商品林赎买政策对林农生计的影响、重点生态区位商品林赎买政策对森林生态保护的影响和林农生计及森林生态保护间的权衡关系等问题,本章设计了"重点生态区位商品林赎买调查问卷"。问卷包含了 8 个部分的内容,分别是:农户及家庭基本情况;农户家庭土地特征情况;农户参与重点生态区位商品林赎买情况;农户收入指标;农户家庭劳动力分配情况;农户家庭生产性支出情况;农户所在村庄特征;商品林赎买政策认知与评价。

(1)农户及家庭基本情况。该部分主要调查农户及家庭的基本信息,包括是否为户主、户主年龄、户主受教育年限、家庭成员数、16周岁(含)以上人口数、16周岁以下人口数、家庭成员是否有村干部等信息。农户及家庭基本信息的采集主要用于探讨重点生态区位商品林赎买对林农生计及森林生态产生影响时作为控制变量使用,同时受教育年限及16周岁(含)以上人口数等信息主要用于探讨重点生态区位商品林赎买对林农生计影响时所带来的由人力资本引起的异质性等问题。

(2)农户家庭土地特征情况。该部分主要调查农户家庭的林地、农业用地等的基本信息,包括2021年、2018年、2016年和2014年等年度家庭的农业用地面积、耕地面积、林地面积、林地平均坡度、林地到房屋的平均距离、林地到道路的平均距离、是否有使用林地作为抵押贷款、是否参加森林保险、是否获得造林补贴等问题信息。其中农业用地面积、耕地面积、林地面积、林地平均坡度、林地到房屋的平均距离、林地到道路的平均距离等数据信息主要用于重点生态区位商品林赎买对林农生计影响的实证研究,作为控制变量;是否有使用林地作为抵押贷款、是否参加森林保险、是否获得造林补贴、林地面积作为相关数据用于实证研究重点生态区位商品林赎买政策对森林生态保护的影响。

(3)农户参与重点生态区位商品林赎买情况。该部分主要调查农户家庭是否参与重点生态区位商品林赎买、是否签署商品林赎买合同、参与商品林赎买的时间、商品林赎买的面积、赎买的收入等基本信息。其中是否参与重点生态区位商品林赎买作为重要的自变量用于政策对林农收入的实证研究模型,商品林赎买的面积、赎买的收入等数据信息用于探讨政策对林农生计影响的实证模型,是否签署商品林赎买合同、参与商品林赎买的时间等数据信息用于探讨政策对森林生态保护影响的实证研究。

(4)农户收入指标。该部分主要调查农户家庭 2021 年、2018 年、2016 年和 2014 年等年度的总收入、林业收入、农业收入和非农收入。这些数据信息构成的面板数据用于研究重点生态区位商品林赎买对林农生计的影响,特别是对林农收入的影响及影响的路径和相关劳动力转移效应带来的影响。

(5)农户家庭劳动力分配情况。该部分主要调查 2021 年、2018 年、2016 年和 2014 年等年度农户家庭劳动力人数、非农劳动力人数、年林业劳动数量(人·天)、年农业劳动数量(人·天)、年非农劳动数量(人·天)、非农劳动力的迁徙距离等。这些数据信息构成的面板数据用于研究重点生态区位商品林赎买对林农生计的影响,特别是探讨政策所带来的劳动力转移效应,并由此路径而带来的收入变化问题,同时也用于探讨政策所带来的就业结构变化等相关问题。

(6)农户家庭生产性支出情况。该部分主要调查 2021 年、2018 年、2016 年和 2014 年等年度农户家庭农业生产性支出情况、林业生产性支出情况、投入的固定生产资料、耐用消费品额度等基本信息,这些信息构成的面板数据用于探讨重点生态区位商品林赎买对林农生计和林业生产性投入的影响实证,并通过林业生产性投入情况的变化来观察森林生态保护的效果。

(7)农户所在村庄特征。该部分主要调查农户所在村庄的年人均总收入,2021 年、2018 年、2016 年和 2014 年等年度的村农业劳动 1 天报酬、林业劳动 1 天报酬、非农劳动 1 天报酬,平均每亩地的农业补贴,是否有水泥硬路面,非农就业的比例,村到乡镇的平均距离等基本信息,这些数据信息用于实证研究时的控制变量取值,其中一部分作为面板数据信息用于研究政策对林农生计的影响。

(8)商品林赎买政策认知与评价。该部分主要调查林农对重点生态区位商品林赎买政策的主观认知及评价,包括对商品林赎买政策的总体了解程度、对商品林赎买政策实施流程的了解程度、对商品林赎买价格的确定程序与标准的了解程度、对商品林赎买中林木资产评估程序与方法的了解程度、对当地商品林赎买价格是否符合被赎买商品林的应有价格的认知、对商品林赎买价格满意程度、对商品林赎买政策满意程度、对商品林赎买政策能够起到保护森林资源和提升森林质量作用的认知、对商品林赎买政策是否能够增加林农收入的认知、对商品林赎买政策是否能够激励林业经营者积极性的认知、对商品林赎买政策是否能够保障林业经营者权益的认知等基本信息,这部分数据信息主要用于本书的结构方程模型和相关机理研究。

3.1.2 研究主体、研究区域与数据来源

3.1.2.1 研究主体

2017 年 1 月,《福建省人民政府办公厅关于印发福建省重点生态区位商品林赎买等改革试点方案的通知》(闽政办〔2017〕9 号)正式下发,其目标任务:"2016 年起,在武夷山市等 7 个县(市)开展赎买、收储、置换、改造提升、租赁和入股等多种形式的改革试点,此后逐步扩大试点范围。通过改革试点,着力破解生态保护与林农利益间的矛盾。对于重点生态区位内的商品林,在改革后实行集中统一管护,改善和提升其生态功能。""2016 年,制定全省重点生态区位商品林赎买等改革试点方案,争取到 2017 年形成一批可复制可推广的成果,到 2020 年为全国生态文明体制改革创造出一批典型经验,率先形成产权清晰、多元参与、激励约束并重、系统完整的生态文明制度体系,最终实现'生态得保护,林农得实惠'的双赢目标。'十三五'期间实施重点生态区位商品林赎买等改革试点面积 20 万亩,其中赎买省级试点实施面积 14.2 万亩,赎买的重点为矛盾最突出的人工商品林中的成过熟林。其中:2016 年,确定武夷山市、永安市、沙县、武平县、东山县、永泰县、柘荣县 7 个县(市)为首批省级试点县(市);2017 年,增加建阳

区、顺昌县、新罗区、诏安县、永春县、闽清县、福安市 7 个县(市、区)进行改革试点。其他试点县(市、区),由各设区市人民政府推荐上报。"方案同时制定了 2016—2020 年度重点生态区位商品林赎买等改革试点任务分解表,见表 3-1。

表 3-1　2016—2020 年度重点生态区位商品林赎买等改革试点任务分解表

单位:万亩

设区市	改革方式					
	赎买	租赁	置换	改造提升	其他方式	合计
福州市	2.5	—	—	—	—	2.5
漳州市	1.2	0.8	—	—	—	2.0
泉州市	0.3	0.7	—	0.1	0.2	1.3
三明市	4.0	—	—	0.5	—	4.5
莆田市	0.5	—	—	—	—	0.5
南平市	3.5	0.1	—	0.1	0.8	4.5
龙岩市	0.7	2.0	—	—	—	2.7
宁德市	1.5	—	0.5	—	—	2.0
全省	14.2	3.6	0.5	0.7	1.0	20.0

(资料来源:福建省人民政府办公厅)

根据上述文件规定,福建省人民政府办公厅制定了《重点生态公益林区位条件表》(见表 3-2),同时对重点生态区位商品林进行了界定:重点生态区位商品林是指符合重点生态公益林区位条件,暂未区划界定为生态公益林、未享受中央和省级财政森林生态效益补偿的森林和林地。

表 3-2　重点生态公益林区位条件表

级别	序号	区位划分条件
国家级	1	江河源头。闽江(含金溪)源头,自源头起向上以分水岭为界,向下延伸 20 公里、汇水区内江河两侧最大 20 公里以内的林地
	2	一级支流源头。闽江(含金溪)流域面积在 10000 平方公里以上的一级支流源头,自源头起向上以分水岭为界,向下延伸 10 公里、汇水区内江河两侧最大 10 公里以内的林地
	3	江河两岸。闽江(含金溪)干流两岸,干堤以外 2 公里以内从林缘起,为平地的向外延伸 2 公里、为山地的向外延伸至第一重山脊的林地
		支流两岸。河长在 300 公里且流域面积 2000 平方公里以上的一级支流两岸,干堤以外 2 公里以内从林缘起,为平地的向外延伸 2 公里、为山地的向外延伸至第一重山脊的林地
	4	森林和野生动物类的国家级自然保护区的林地
	5	世界自然遗产名录的林地
	6	库容 6 亿立方米以上的水库周围 2 公里以内从林缘起,为平地的向外延伸 2 公里、为山地的向外延伸至第一重山脊的林地
	7	沿海防护林基干林带
	8	红树林
	9	台湾海峡西岸第一重山脊临海山体的林地
省级	1	江河、支流源头。汀江、九龙江、晋江、敖江、龙江、木兰溪、交溪河流干流及闽江流域一级支流大樟溪、尤溪、古田溪自源头起向上以分水岭为界,向下延伸 10 公里、汇水区内江河两侧最大 10 公里以内的林地;闽江流域河长 100 公里以上的二级支流、敖江、汀江、九龙江、晋江、龙江河长在 100 公里以上的一级支流自源头起向上以分水岭为界,向下延伸 5 公里、汇水区内江河两侧最大 5 公里以内的林地
	2	汀江、九龙江、晋江、敖江、龙江、木兰溪、交溪干流及其河长在 100 公里以上的一级支流、闽江流域一级支流大樟溪、尤溪、古田溪及河长 100 公里以上的二级支流,河岸或干堤以外 1 公里以内从林缘起,为平地的向外延伸 1 公里、为山地的向外延伸至第一重山脊的林地

续表

级别	序号	区位划分条件
省级	3	森林和野生动物类型省级自然保护区的林地
	4	国务院批准的自然与人文遗产地和具有特殊保护意义地区的森林、林木和林地
	5	库容1亿立方米以上、6亿立方米以下的大型水库周围1公里以内从林缘起,为平地的向外延伸1公里、为山地的向外延伸至第一重山脊的林地
	6	除基干林带外的沿海防护林
	7	重要湿地
	8	国防军事禁区内林地
	9	省政府批准划定的饮用水水源保护区的林地
	10	省级以上森林公园的林地
	11	国铁、国道、高速公路两旁100米以内从林缘起,为平地的向外延伸100米,为山地的向外延伸至第一重山脊的林地
	12	现有生态公益林中的天然阔叶林、天然针阔混交林和天然针叶林
	13	环城市周边一重山
	14	县级人民政府批准划定的自然保护小区(点)的林地

(资料来源:福建省人民政府办公厅)

3.1.2.2　研究区域

重点生态区位商品林赎买政策于 2015 年开始在福建省试点,并于 2017 年正式实施,福建省作为全国首个重点生态区位商品林赎买试点省份具有一定的代表性,因此本研究的研究区域以福建省为主,主要抽取福建省南平市顺昌县、邵武市、光泽县的 13 个乡镇的 103 个村作为研究区域,分别是顺昌县的元坑镇、双溪街道、郑坊镇,邵武市的城郊镇、水北镇、拿口镇、和平镇,光泽县的寨里镇、华桥乡、止马镇、鸾凤乡、崇仁乡、杭川镇。按照事先设计好的调研方案和调研问卷,笔者于 2022 年 7 月对南平市的重点生态区位商品林赎买进行了现场调研,具体调研样本地区分布见表 3-3。

表 3-3　重点生态区位商品林赎买调研地区分布

县(市、区)	乡(镇)	村
顺昌县	元坑镇	曲村、蛟溪、秀水、东郊、槎溪
	双溪街道	陈布、水南、溪南、井垄、源头采育场、余坊、吉舟、余墩
	郑坊镇	兴源、榜山、峰岭
邵武市	城郊镇	芹田、香铺、高南、紫金社区、台上、莆明、莲塘、隔应、朱山、山口、祥云社区
	水北镇	大乾、龙斗、上坪、故县、一都、王亭、大漠、四都、二都、杨梅岭、三都、窠口
	拿口镇	拿口、南溪、扁竹、山下、庄上、竹前、肖坊、册前、朱坊、池下、下村、界竹、外石、一居
	和平镇	危冲
光泽县	寨里镇	儒州、桥亭、茶富、桥湾、大青、小寺州、大洲、桃林、浆源、官桥、林场
	华桥乡	华桥、园岱、邓家边、大禾山、官屯、吴屯、增坊、石壁窟、古林
	止马镇	水口、止马、双坑、白门楼、亲睦、岛石、虎塘
	鸾凤乡	上屯、君山、高源、中坊、崇瑞、武林、文昌、十里铺、大陂、双门、饶坪、大洋、黄溪
	崇仁乡	儒堂、洋塘、大洋坪、崇仁、汉溪、金陵、共青
	杭川镇	杭西

(资料来源:调研数据统计)

3.1.2.3　数据来源

本书所采用的数据主要来源于各种国家统计年鉴及实地调查收集到的 470 份问卷,其中有效问卷 448 份,总问卷有效率为 95.3%,数据收集于 2021 年截止。在上述数据收集背景下,结合定量研究需要建立相关的平衡面板数据对相关的模型进行研究,数据时间跨度为 2014—2021 年。

3.2 调查样本描述性分析

本调研问卷的第一部分为农户及家庭基本情况,我们对收集的问卷进行统计,删除相应的缺失值(第 3 章的表格均如此,之后不再赘述)。

表 3-4 农户及家庭的基本情况分析

基本情况		数量/人	比例
户主	是	381	85.04%
	否	67	14.96%
户主年龄	30 岁以下	8	1.79%
	30(含)~40 岁	27	6.03%
	40(含)~50 岁	126	28.12%
	50(含)~60 岁	204	45.54%
	60 岁(含)以上	83	18.52%
户主受教育程度	小学及以下	89	19.91%
	初中	205	45.86%
	中专或高中	118	26.40%
	大专或本科以上	35	7.83%
是否有成员担任村干部	是	211	47.20%
	否	236	52.80%

(资料来源:调研数据统计)

根据表 3-4 可知,调研对象 85.04%是户主,调研对象大部分为中年人,户主受教育程度不高,大部分为初中学历,其中大约有一半家庭成员担任过村干部,这一情况与福建省农村的基本情况大致相符。

在问卷的第二、三部分,我们调研了农户家庭林地特征情况和参与重点生态区位商品林赎买等情况,具体见表 3-5。

表 3-5　农户家庭的林地基本情况

基本情况		数量/户	比例
林地坡度	小于 15°	20	4.55%
	15°～25°	74	16.82%
	大于 25°	346	78.64%
使用林地作为抵押进行贷款	是	38	8.62%
	否	403	91.38%
参加森林保险	是	158	36.57%
	否	274	63.43%
获得造林补贴	是	140	31.60%
	否	303	68.40%
签署赎买合同	是	180	40.18%
	否	268	59.82%

(资料来源:调研数据统计)

由表 3-5 可知,农户的林地坡度较大,超过 95% 的林地坡度大于 15°,其中大于 25° 的林地占到了 78.64%,这和南平市的情况十分吻合。大部分林农并没有将林地作为抵押进行贷款,但分别有超 30% 的农户参加了森林保险并获得了造林补贴,签署赎买合同参与重点生态区位商品林赎买的农户占到了 40.18%。

问卷的第四部分我们调研了农户家庭收入基本情况,具体统计结果见表 3-6。

表 3-6　农户家庭收入基本情况

单位:元

收入均值类型	2021 年	2018 年	2016 年	2014 年
总收入均值	141899.82	139832.86	136410.98	136384.11
林业收入均值	55643.54	54798.54	53123.25	54110.65
农业收入均值	9970.40	8922.36	7852.84	7318.61
非农收入均值	76285.88	76111.96	75434.89	74954.85

(资料来源:调研数据统计)

　　根据表 3-6,农户家庭的总收入均值呈现逐年上升的趋势,2021年、2018 年、2016 年和 2014 年约分别为14.190万元、13.983万元、13.641万元和13.638万元,这些收入当中大部分为非农收入,其次为林业收入,最后才是农业收入。

　　在问卷的第五部分我们调研了农户家庭劳动力的分配情况,见表3-7。

表 3-7　农户家庭劳动力分配情况

劳动力分配情况	2021 年	2018 年	2016 年	2014 年
家庭劳动力人数均值/人	2.84	2.79	2.80	2.80
非农劳动力人数均值/人	1.95	2.04	1.86	1.84
林业劳动量/(人·天)	59.33	53.01	49.01	48.70
农业劳动量/(人·天)	66.10	66.51	67.24	69.07
非农劳动量/(人·天)	482.83	473.65	471.42	465.93

(资料来源:调研数据统计)

　　根据表 3-7,农户家庭劳动力人数均值大概为 2.8 人,历年变化不大,非农劳动力人数均值大概为 2.0 人。林业劳动量从 2016 年来有较为显著的增长,到 2021 年,已接近 60 人·天;农业劳动量变化不大,有些许下降;非农劳动量有一定程度的增加,由 2014 年的 465.93 人·天,增长到 2021 年的 482.83 人·天。

在问卷的第六部分我们调研了农户家庭生产性支出的情况,见表 3-8。

表 3-8   农户家庭生产性支出情况

单位:元

生产性支出	2021 年	2018 年	2016 年	2014 年
农业生产性支出均值	7819.29	6367.20	5899.20	5169.58
林业生产性支出均值	20109.89	17988.79	16593.58	21464.98
固定生产资料均值	60127.63	38299.10	35154.63	36484.80
耐用消费品均值	54243.43	49516.31	41102.32	28754.07

(资料来源:调研数据统计)

根据表 3-8,农户家庭的农业生产性支出均值由 2014 年的 5169.58 元增长到 2021 年的 7819.29 元;林业生产性支出均值由 2016 年的 16593.58 元增长到 2021 年的 20109.89 元;固定生产资料均值由 2014 年的 36484.80 元增长到 2021 年的 60127.63 元;耐用消费品均值由 2014 年的 28754.07 元增长到 2021 年的 54243.43 元。这几项指标均有较大增长,说明农户家庭的生产性支出有了显著提高。

在问卷的第八部分我们调研了农户对重点生态区位商品林赎买政策的认知与评价。具体包括农户对商品林赎买政策的总体了解程度、农户对商品林赎买政策实施流程的了解程度、农户对商品林赎买价格的确定程序与标准的了解程度、农户对商品林赎买中林木资产评估程序与方法的了解程度、农户对当地商品林赎买价格是否符合被赎买商品林的应有价格的认知、农户对商品林赎买价格满意程度、农户对商品林赎买政策满意程度、农户对商品林赎买政策是否能够起到保护森林资源与提升森林质量作用的认知、农户对商品林赎买政策是否能够增加林农收入的认知、农户对商品林赎买政策是否能够激励林业经营者积极性的认知和农户对商品林赎买政策是否能够保障林业经营者权益的认知 11 项内容,具体统计结果见表 3-9 至表 3-19。

表 3-9　农户对商品林赎买政策的总体了解程度情况分析

调研主题	类别	户数/户	比例	频率
了解商品林赎买政策程度	非常不了解	105	23.44%	23.44%
	不太了解	126	28.13%	51.57%
	了解	96	21.43%	73.00%
	比较了解	84	18.75%	91.75%
	非常了解	37	8.25%	100%

(资料来源:调研数据统计)

根据表 3-9 的统计数据,大约 49% 的农户了解商品林赎买政策,其中有 8.25% 的农户非常了解,18.75% 的农户比较了解,21.43% 的农户了解,但还有大约 51% 的农户对商品林赎买政策不了解,这和前述签署商品林赎买合同的农户比例大致一致,说明只有签署了商品林赎买合同的农户家庭才了解该政策,没签署该合同的农户家庭基本不关心商品林赎买相关情况,这也说明商品林赎买政策的宣传力度应进一步加强。

根据表 3-10 至表 3-12 的统计结果,大约有 41% 的农户了解商品林赎买政策的流程,大约有 40% 的农户了解商品林赎买价格的确定程序与标准,大约有 40% 的农户了解商品林赎买中林木资产评估程序与方法,说明这些农户对商品林赎买的政策及流程有了进一步的了解,他们很有可能参与了商品林赎买。

表 3-10　农户对商品林赎买政策实施流程的了解程度情况分析

调研主题	类别	户数/户	比例	频率
了解商品林赎买政策实施流程程度	非常不了解	107	23.88%	23.88%
	不太了解	156	34.82%	58.70%
	了解	81	18.08%	76.78%
	比较了解	65	14.51%	91.29%
	非常了解	39	8.71%	100%

（资料来源：调研数据统计）

表 3-11　农户对商品林赎买价格的确定程序与标准的了解程度情况分析

调研主题	类别	户数/户	比例	频率
了解商品林赎买价格的确定程序与标准程度	非常不了解	105	23.55%	23.55%
	不太了解	162	36.32%	59.87%
	了解	76	17.04%	76.91%
	比较了解	65	14.57%	91.48%
	非常了解	38	8.52%	100%

（资料来源：调研数据统计）

表 3-12　农户对商品林赎买中林木资产评估程序与方法的了解程度情况分析

调研主题	类别	户数/户	比例	频率
了解商品林赎买中林木资产评估程序与方法程度	非常不了解	105	23.76%	23.76%
	不太了解	161	36.43%	60.19%
	了解	80	18.10%	78.29%
	比较了解	58	13.12%	91.41%
	非常了解	38	8.59%	100%

（资料来源：调研数据统计）

根据表 3-13 和表 3-14 的统计数据，有超过 85% 的农户认为当地商品林赎买价格符合被赎买商品林的应有价格，超过 85% 的农户对商品林赎买价格满意，这其中有 16.26% 的农户对商品林赎买价格非常满意。结合调研时的访谈情况，商品林赎买的价格的确让大部分农户家庭感到满意,赎买价格的制定科学、合理。

表 3-13　农户对当地商品林赎买价格是否符合被赎买商品林的应有价格的认知情况分析

调研主题	类别	户数/户	比例	频率
对当地商品林赎买价格是否符合被赎买商品林的应有价格的认知	完全不符合	12	3.26%	3.26%
	不太符合	42	11.41%	14.67%
	基本符合	184	50.00%	64.67%
	符合	130	35.33%	100%

(资料来源:调研数据统计)

表 3-14　农户对商品林赎买价格满意程度情况分析

调研主题	类别	户数/户	比例	频率
商品林赎买价格满意程度	非常不满意	3	0.81%	0.81%
	不太满意	47	12.74%	13.55%
	满意	145	39.30%	52.85%
	比较满意	114	30.89%	83.74%
	非常满意	60	16.26%	100%

(资料来源:调研数据统计)

根据表 3-15 的统计数据,有接近 90% 的农户对商品林赎买政策满意,说明商品林赎买政策的执行效果不错,受到大部分农户的肯定和支持。需要说明的是,调研时部分村民对商品林赎买政策、价格满意程度不愿表态,认为这些问题比较敏感,因此表 3-13~表 3-15 中的户数样本较少。

表 3-15　农户对商品林赎买政策满意程度情况分析

调研主题	类别	户数/户	比例	频率
商品林赎买政策满意程度	非常不满意	3	0.79%	0.79%
	不太满意	36	9.50%	10.29%
	满意	151	39.84%	50.13%
	比较满意	103	27.18%	77.31%
	非常满意	86	22.69%	100%

(资料来源:调研数据统计)

根据表 3-16 的统计数据,超过 60% 的农户认为商品林赎买政策能够起到保护森林资源、提升森林质量的作用,说明就农户的主观感受来看,赎买政策的森林生态保护效果明显。

表 3-16　农户对商品林赎买政策是否能够起到保护森林资源、
提升森林质量作用的认知情况分析

调研主题	类别	户数/户	比例	频率
商品林赎买政策是否能够	不清楚	145	34.12%	34.12%
起到保护森林资源作	不能够	10	2.35%	36.47%
用、提升森林质量的认知	能够	270	63.53%	100%

(资料来源:调研数据统计)

根据表 3-17 的统计数据,有 56.30% 的农户认为商品林赎买政策能够增加林农收入,说明就农户的主观感受来看,商品林赎买政策一定程度上增加了林农家庭的收入,提高了其生计能力。但还有 34.35% 的农户表示不清楚,有接近 10% 的农户认为不能增加其收入,说明商品林赎买政策的收入效应还需进一步由实证进行充分的论证,这一部分论证将在第 5 章进行论述。

表 3-17　农户对商品林赎买政策是否能够增加林农收入的认知情况分析

调研主题	类别	户数/户	比例	频率
商品林赎买政策	不清楚	147	34.35%	34.35%
是否能够增加林农收	不能够	40	9.35%	43.70%
入的认知程度	能够	241	56.30%	100%

(资料来源:调研数据统计)

根据表 3-18 和表 3-19 的统计数据,有超过 55% 的农户认为商品林赎买政策能够激励林业经营者的积极性,接近 60% 的农户认为商品林赎买政策能够保障林业经营者的权益,只有分别为 6.81%、4.68% 的农户对此持否定态度,其余参与调研的农户大多由于不是林业经营者而选择"不清楚"这一选项,由此说明了商品林赎买政策能有效地激励林业从业者并保障他们的权益。

表 3-18　农户对商品林赎买政策是否能够激励林业经营者积极性的认知情况分析

调研主题	类别	户数/户	比例	频率
商品林赎买政策是否能够激励林业经营者积极性的认知程度	不清楚	155	36.38%	36.38%
	不能够	29	6.81%	43.19%
	能够	242	56.81%	100%

（资料来源:调研数据统计）

表 3-19　农户对商品林赎买政策是否能够保障林业经营者权益的认知情况分析

调研主题	类别	户数/户	比例	频率
商品林赎买政策是否能够保障林业经营者权益的认知程度	不清楚	152	35.60%	35.60%
	不能够	20	4.68%	40.28%
	能够	255	59.72%	100%

（资料来源:调研数据统计）

3.3　本章小结

　　本章介绍了重点生态区位商品林赎买政策的调研问卷设计、研究主体、研究区域、数据来源及统计结果。调研问卷设计包含了 8 个主要部分,包含了本研究实证所用到的大部分数据。本次调研包括福建省南平市的顺昌县、邵武市和光泽县的 13 个乡镇 103 个村的 470 户农户,调研问卷时间跨度从 2014 年到 2021 年。根据最后的统计数据,重点生态区位商品林赎买政策的实施从直观上提升了林农家庭的生计能力,这种提升包含了收入的提高和非农就业的增加,同时政策的实施也带来了林农生产性支出的增加,林业生产性支出的增加和林业劳动数量的增加又提高了森林生态保护的效果。另外,从主观认知上看,大部分林农了解重点生态区位商品林赎买政策并且对政策、赎买价格和权益保护均表示了较高的认同,说明赎买政策实施有效,但相关数据也表明赎买政策的宣传力度还有待加强。而本次调研的大量数据将用于第 4～6 章关于重点生态区位商品林赎买政策对林农生计及森林生态保护影响的实证。

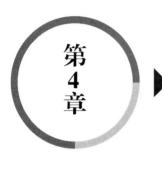

第4章

▶ 重点生态区位商品林赎买对林农生计的影响

森林作为重要的自然资源、生态资源和经济资源,对于实现社会、经济、生态等协调发展具有重要影响,也是全球向绿色、循环、低碳经济发展方式转变所依托的重要基础。区域生态效益补偿机制就是一项旨在提高森林可持续经营能力,兼顾相关主体利益,调和经济发展与森林保护矛盾,切实发挥森林各方面功能的制度设计。我国森林资源有限,并且大多分布在经济欠发达地区,然而森林生态效益的受益者主要是江河中下游地区,一般属于经济较发达地区。因而如何给森林生态效益提供者实施补偿,实现生态公平,建立森林生态效益补偿机制显得十分必要,这也是当前国内外研究的热点问题之一,而关于区域生态补偿机制与林农家庭生计的关系研究必将成为该问题研究的一个重要方向。

　　要探讨重点生态区位商品林赎买政策对林农生计的影响必须先从理论上阐述重点生态区位商品林赎买对林农生计的影响机理。目前学术界很少见到关于商品林赎买影响林农生计具体机理的研究分析,实施过程中对商品林赎买影响林农生计的政策着力点也缺乏清晰明确的认知,学界极少从影响林农生计的视角对赎买实践中存在的问题开展研究,也极少对选择商品林赎买的林农生计的前后效果影响进行比较研究。因此,本章先从上述方面阐述重点生态区位商品林赎买对林农生计影响的机理。

　　在实证层面,为衡量重点生态区位商品林赎买对林农生计的影响,主要从三方面的论证入手:第一,探讨重点生态区位商品林赎买对林农生计的影响,包括其对林农收入和劳动力的影响;第二,探讨重点生态区位商品林赎买对林农生计影响的路径,包括直接影响路径和间接影响路径,其中,直接影响路径为补偿款直接提高了林农收入,间接影响路径为赎买政策促进了劳动力的转移并放松了流动性约束,进而提高了林农的收入;第三,探讨重点生态区位商品林赎买对林农就业结构的影响,主要表现为农业劳动向非农劳动转移,并研究林农事先拥有的物质资本(流动性约束)和人力资本对非农劳动的异质性影响,并以此来观察哪些类型的林农更容易在重点生态区位商品林赎买政策下改变就业结构。

本章主要采用基于反事实的政策评估双重差分(DID)计量经济模型来研究重点生态区位商品林赎买是否促进林农家庭生计能力的提高;用结构方程 SEM 识别重点生态区位商品林赎买对林农家庭收入的直接、间接和总体影响途径;用四分位数回归和 Logistic 模型研究重点生态区位商品林赎买对林农家庭就业结构的影响。

4.1 重点生态区位商品林赎买对林农生计影响的机理分析

4.1.1 重点生态区位商品林赎买模式下的林农生计结构

根据重点生态区位商品林管理的有关规定,一旦山林被划为重点生态区位商品林,将严格限制山林的开发与利用,而山林又是林农主要生计来源之一,林农生计与生态保护之间的矛盾就突显出来了。为此,各地政府推出多种改革模式,如赎买、置换、租赁等来缓解当前的矛盾,也不可避免会对林农收入及其生计结构造成显著的影响。

农户家庭收入的主要类型有家庭经营性收入、工资性收入、财产性收入和转移性收入,借鉴林静等按林农的林业生产特征判断其对林业的依赖程度[①],并根据林农的兼业化程度将林农分为林业专业型、林业补充型、林业依赖型和生计多样型四种类型进行分析研究,从而构建商品林赎买模式下的林农生计结构,如图 4-1 所示。第一种是林业专业型。林业专业型家庭专门从事林业,林业收入所占比重较高,其家庭生活主要收入来自林业,生计较为依赖林业,生计比较单一。第二种是林业补充型。林业补充型家庭主要生活来源除了林业收入以外,还有其他重要收入渠道,基本实现了生计多样化,其家庭对林业的依赖程度比较小。第三种是林业依赖型。林业依赖型家庭专门从事

---

① 林静,廖文梅,黄华金,等.全面停止天然林商业性采伐政策会影响林农生计资本吗? [J].林业经济,2021,43(10):5-20.

林业,其家庭生活主要收入来自林业。虽然该家庭林业收入较低,但又不得不依赖林业。第四种是生计多样型。生计多样型家庭已经实现了生计多样化,林业收入所占比重较低,其他收入渠道趋于多样化,且不依赖林业。由于林农的生计结构不同,其家庭生活对林业的依赖程度也不同,故不同类型林农对于商品林赎买政策有不一样的反应和选择,也会因此产生不同的影响效果。

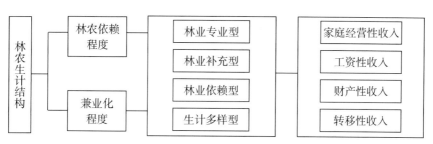

图 4-1 商品林赎买模式下的林农生计结构

4.1.2 商品林赎买对林农生计影响的积极效应和风险传导

重点生态区位商品林赎买对林农生计的影响机理分为两种:一种是积极效应,一种是风险传导。积极效应为:强化林权流转,实现规模经营,保障林农合法权益;强化林地生态补偿激励,实现承包者的财产性收益增加;强化林地经营权益,实现经营者转移收益增加;促进林地剩余劳动力有效转移,实现林农非农收入增加。商品林赎买可能带来的风险传导:会使商品林的经济价值无法实现,林农集体收益权受损,林农可持续生计遭到破坏等。

4.1.2.1 重点生态区位商品林赎买对林农生计的功能价值与积极效应

福建省开展赎买等改革之后,通过对重点生态区位的人工林进行改造,不但提升了森林生态功能,也通过加快推进林业资源向资产、资金转变,维护了林农的利益。本节主要从林权流转效应、激励效应和劳动力转移效应三个重要方面来论述福建重点生态区位商品林赎买对林农生计的积极效应,如图 4-2 所示。

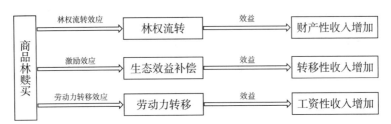

图 4-2　商品林赎买对林农生计的积极效应分析框架图

(1)重点生态区位商品林赎买的林权流转效应。

商品林赎买对林农收入产生了积极的效应,目前重点生态区位的划分限制了林农自由砍伐树木的行为,商品林赎买能促进林权的流转,将有利于产权效益的发挥,进一步增加林农的收益。因为对于林地位于重点生态区位的林农来说,按照福建省的限伐政策,他们所属的林地只能暂停或者限制砍伐,对于已经成熟的树木,他们就只能守着"绿色不动产"而不能卖钱,更别说发家致富。自政府出台赎买政策方案后,林农可以根据需要签署赎买合同,这样即使不砍树也能赚钱,极大地促进了林农的积极性。

林权流转效应的传导机理是"商品林赎买——林权流转——财产性收入增加"。林权流转主要是林地经营权的流转,是林地所有权和林地承包权的产物。福建省重点生态区位商品林赎买涉及林地所有权、经营权和使用权的国有化,价格由双方商定,林地所有权仍为农村集体所有。租赁是指政府通过租赁取得重点生态区位商品林地和林木使用权,并给予林权人适当的经济补偿,但林地所有权不变①。参与赎买的林农会因林权的流转获得转出收入,林地转出的面积越大,能

---

① 毛敏,周伯煌.我国集体林权流转中相关方利益协调的路径探析[J].广西政法管理干部学院学报,2016,31(6):74-78.

够获得的转出收入就越高。林农通过一次性赎买,获得大量数额的资金,盘活了林地资产,增加了财产性收入。

(2)重点生态区位商品林赎买对林农的激励效应。

虽然福建省重点生态区位商品林赎买有很大的吸引力,但对于林业专业型和林业依赖型林农来说,林业收入占家庭总收入的比例大,直接进行赎买损失极大,那么就可以选择租赁或置换等其他方式。租赁是指对不愿意将商品林所有权转移到重点生态区位的林权人,可以参照公益性生态林进行保护和管理,政府根据面积在租赁期内一次性或按年支付租赁费。置换是指将重点生态区位的商品林用其他地方的公益生态林等面积替代,置换后,将商品林调整为公益林,林权主体可以获得公益林同等的补偿①。此外,各地还积极探索其他形式的改革,如生态补偿、股份制、合作经营等,这些赎买方式的补充与完善都对林农产生了一定程度的激励效应。

激励效应的传导机理是"商品林赎买—生态补偿—转移性收入增加"。林农通过置换后将自己的商品林调整为生态公益林,便可获得生态补偿收入,提高了转移性收入。这不但维护了生态环境,也使林农的一部分利益得到了保障,极大激发了林农的积极性。在领取公益林补偿资金后,林农不仅在一定程度上补偿了因限制砍伐而造成的利益损失,如果当了护林员,还可以获得工作报酬,这也增加了林区的就业岗位。

从调研结果来看,每个村参与商品林赎买的林农除了获得商品赎买政策的补贴以外,每年还获得平均 $750\sim1500$ 元/hm² 的补贴,这些补贴对林农产生了一定的激励。另外,从问卷中林农对商品林赎买政策的认知与评价部分来看,超过 85％的调查对象认为当地商品林赎买价格符合被赎买商品林的应有价格且对赎买价格满意,56.3％的调查

---

① 蔡晶晶,谭江涛.社会—生态系统视角下商品林赎买政策参与意愿的影响因素分析[J].林业经济问题,2020,40(3):302-311.

对象认为商品林赎买政策能够增加林农收入,超过85％的调查对象对商品林赎买政策感到满意。这体现了福建省重点生态区位商品林赎买政策给林农带来的激励效应,大部分林农对政策了解并表示满意。

(3)重点生态区位商品林赎买的劳动力转移效应。

对于林业补充型和生计多样型林农来说,掌握一种谋生手段可以在非农产业中实现稳定就业,其就业收入是生活收入的主要来源,林业收入只作为一部分辅助收入。从这一类型林农的选择目标来看,他们可能更倾向于选择直接赎买模式,以实现短期收入的最大化。由于林业补充型和生计多样型林农不是主要依赖于林业生存,林地的存在反而影响他们外出就业的时间和效率,他们便选择一次性赎买,获得一定数额的资金,并通过在非农产业中稳定就业增加收入。此时,劳动力转移效应的传导机理是"商品林赎买—非农就业—工资性收入增加"。工业化的快速推进和非农产业的发展为大量农业人口的就业创造了条件,非农产业收入也显著提高了农民的生活水平。林农通过签署商品林赎买合同将林权转移后,林农对林地便没有经营使用权。劳动力闲置下来后,为实现家庭收入的最大化,大部分林农会选择非农就业。如果没有商品林赎买政策,那么有一大部分林农会因有林地要管护而不能外出,束缚其劳动力的转移,反而从某种程度上影响了家庭收入的增加。福建省重点生态区位商品林赎买解决了这个问题,释放更多农业人口转移至非农产业就业,从而大大增加了林农收入。

从调研的情况来看,对比政策实施前的2014年和政策实施后的2021年,林农家庭从事非农劳动的比例增加了27％,村民从事非农劳动的比例增加了30％,从事非农劳动的迁徙距离也增加了20％以上。赎买政策实施前,大部分村民如果从事非农劳动一般在邻近的乡镇、村庄,其中一个原因是这些村民每年还要进行林业劳动。赎买政策实施以后,部分村民从林业劳动中解放出来,因此可以到更远的地方从事非农劳动,有一部分林农甚至跨越了多个省份从事非农劳动,这也是林农家庭收入增加的重要原因。另外,从参与林业劳动、农业劳动、非农劳动的时间分配比例来看,林业劳动时间下降得比较多,非农劳动时间上升比较多,这体现了林业劳动向非农劳动的有效转移,也验证了福建省重点生态区位商品林赎买政策的劳动力转移效应。

4.1.2.2　重点生态区位商品林赎买对林农生计的风险传导机理

商品林赎买政策最直接的实施措施是将林木所有权、经营权和林地使用权收归国有,林农得到切切实实的财产性收入[①]。当对集体林进行赎买时,因集体林权涉及的单个主体较多且相互之间关系复杂,在对被划为重点生态区位商品林的集体林进行赎买时,如何分配集体利益成了一大难题,这对于林农以后的可持续生计也可能产生一定的风险(图 4-3)。

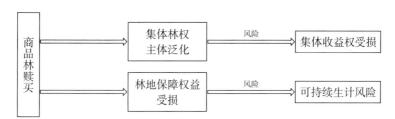

图 4-3　商品林赎买对林农生计的风险传导机理

(1)林农集体收益权受损风险。

林农集体收益权是林地集体所有制的自然产物,是集体所有权的实现或表现形式,对于农村集体林地的出让或征收,每个集体成员理应得到相应的补偿,或索取相应的收益。[②] 集体林权流转涉及的主体主要有集体林权转出方(集体林权权利人)、集体林权转入方、农村集体经济组织、各级政府、生态效益受益者等。由于集体林权流转涉及

[①]　童红卫,王杰芬,吕俊锋.破解林改难题助推林业增效林农增收:着力打造全国林改新高地[J].林业经济,2016,38(1):82-88.

[②]　寇浩宁,李平菊.地权制度与征地补偿费的分配逻辑[J].云南行政学院学报,2017,19(5):25-32.

的主体众多,所以在集体林权流转过程中利益关系复杂,具体表现为:集体林权主体参与集体管理的方式不同,且地方习俗习惯、林农认知(如租、税、费等问题)、多方主体的责权利是否统一等因素制约着集体林权收益分配,所以集体与林农个人的收益权受到一定的负向影响。同时,由于集体林权流转导致涉及的主体变多,故将其称为"集体林权主体泛化"。此时,商品林赎买政策有可能导致集体收益权受损的传导机理表现为"商品林赎买—集体林权主体泛化—集体收益权受损"。集体林的所有权属于集体,集体又包含许多家庭林农主体。在限伐政策下,林农利益和生态效益存在一定矛盾,被划为重点生态区位商品林的集体林若进行赎买则需要征得集体成员的同意。由于成员涉及林农主体较多,集体所有权下林农意见很难达成统一,有意愿选择的赎买方式也各不相同,就有可能因为少部分林农的意见导致集体林权的赎买权益无法实现利益最大化,集体林权收益分配也就很难做到公平公正。

从调研的结果来看,在林农对商品林赎买政策认知与评价这一部分,2021年还有接近40%的人对"商品林赎买政策是否能够激励林业经营者的积极性"这一问题选择"不能够"或"不清楚",有超过30%的人对"商品林赎买政策是否能够保障林业经营者的权益"这一问题选择"不能够"或"不清楚"。由此可见,林农对自身在赎买过程中的权益受损有一定的负面认知,也验证了林农集体收益权存在受损的风险。

(2)林农可持续生计风险。

土地可满足农村居民的生存、就业、养老和医疗等生活需求,具有生产功能、养育功能、资产功能以及基本的社会保障功能。对于林业专业型和林业依赖型林农而言,林地是主要生计来源,甚至是日后的生活依赖和养老保障。如果通过重点生态区位商品林赎买导致林农失去林地,就会对其正常生活产生重大影响。此时,商品林赎买有可能导致林农可持续生计风险的传导机理表现为"商品林赎买—林地保障权益受损—可持续生计风险"。商品林赎买对于林业补充型和生计多样型林农影响不大,而林业专业型和林业依赖型林农一旦进行赎买,就失去了对林地的承包经营权,即使其通过租赁和置换获得少量生态补偿,也不足以满足日常生活需要。但不进行赎买,其也会因受限伐政策的影响,无法获得较好的经济效益。林业专业型和林业依赖型林农本来只靠林业就能维持生计,现在则需要选择兼业或就业来增加家庭收入。若林农自身没有一技之长,年龄也比较大了,其无法进行劳务工作,就无法获得收入,那么林农的可持续生计就面临着巨大的风险。例如 2020 年初新冠肺炎疫情暴发,对林农外出就业产生了一定影响。有研究发现疫情暴发后,2020 年约有 3900 万农村劳动力失去了非农就业岗位[①],那些刚失去林地的林农很难快速地找到相适应的非农就业工作。如果林农没有林地保障,外出务工因外部环境受阻,家庭支出大于收入,林农生计将受到严重损害。

从调研结果来看,在林农对商品林赎买政策认知与评价这一部分,有超过 40% 的林农对"商品林赎买政策是否能够增加林农收入"这一问题选择"不能够"或"不清楚",说明还有一部分林农对商品林赎买所带来的收入提高效应持否定或观望态度,而对收入变化的预期又会影响林农对未来可持续生计风险的认知,这也表明了部分林农对自身可持续生计风险的担忧。

---

① 白云丽,曹月明,刘承芳,等.农业部门就业缓冲作用的再认识:来自新冠肺炎疫情前后农村劳动力就业的证据[J].中国农村经济,2022(6):65-87.

4.2 数据来源、变量选取及描述性统计

4.2.1 数据来源

本章研究的数据主要来自实地调研,调研时间为 2022 年的 7 月 17 日至 2022 年的 7 月 24 日,采用分层抽样的方法随机抽取福建省南平市的顺昌县、邵武市、光泽县的 13 个乡镇中的 103 个村,共 470 户农户家庭。由于重点生态区位商品林赎买政策于 2015 年开始在福建试点,2017 年正式实施,为了观察政策实施前后研究主体相关指标的变化,故调研涉及的时间跨度为 2014 年 1 月 1 日至 2021 年 12 月 31 日。同时为了更好地了解参与重点生态区位商品林赎买政策对研究主体的影响,调研对象包括重点生态区位商品林赎买政策的参与者与非参与者。

4.2.2 变量选取

本章的研究目的是了解重点生态区位商品林赎买政策对受政策影响地区农户家庭生计变化的影响,具体包括三部分内容:第一,用 DID 模型研究重点生态区位商品林赎买政策和林农生计变化间的因果关系;第二,用结构方程模型(SEM)研究重点生态区位商品林赎买政策对林农生计的影响路径;第三,用四分位数回归和 Logistic 模型研究重点生态区位商品林赎买政策对林农家庭就业结构(劳动力转移)的影响。针对每个部分,变量选取分别统计为表 4-1、表 4-2、表 4-3。

表 4-1　DID 模型相关变量指标及其含义

一级指标	二级指标	三级指标
Y_{it}(被解释变量: 生计指标)	收入指标	$Y_{i_{1t}}$总收入(元)
		$Y_{i_{2t}}$林业收入(元)
		$Y_{i_{3t}}$农业收入(元)
		$Y_{i_{4t}}$非农收入(元)
	劳动力指标	$Y_{i_{5t}}$林业劳动(人·天/年)
		$Y_{i_{6t}}$农业劳动(人·天/年)
		$Y_{i_{7t}}$非农就业(人·天/年)
X_{ij}(控制变量)	村庄特征	X_{i_1}年人均总收入(元)
		X_{i_2}非农业就业人口比例(%)
		X_{i_3}村到乡镇距离(m)
	家庭人口统计特征	X_{i_4}家庭规模(人)
		X_{i_5}16 周岁(含)以上人口(人)
		X_{i_6}户主受教育年限(年)
		X_{i_7}成员是否有村干部
	家庭土地特征	X_{i_8}林地面积(m^2)
		X_{i_9}林地到房屋的平均距离(m)
		$X_{i_{10}}$林地到道路的平均距离(m)
		$X_{i_{11}}$林地坡度(°)

D_i(参与该政策取值为 1,否则取值为 0)

T_t(赎买政策实施前、后分别取值为 0、1)

表 4-2　结构方程模型 SEM 相关变量及其含义

变量	含义
SM	SM_1:表征对赎买政策实施流程是否了解的虚拟变量
	SM_2:表征商品林赎买价格是否符合应有价格的虚拟变量
	SM_3:表征商品林赎买政策满意度的虚拟变量
LT	LT_1:非农就业劳动力人数占家庭人口比例(%)
	LT_2:年家庭非农劳动数量(人·天)
	LT_3:非农劳动力迁徙距离(千米)
LC	LC_1:家庭拥有的固定生产资料(元)
	LC_2:家庭拥有的耐用消费品(元)
	LC_3:表征商品林赎买能否提高家庭收入的虚拟变量
HI	HI_1:表征赎买政策能否激励林业经营者积极性的虚拟变量
	HI_2:家庭年收入(元)
	HI_3:表征赎买政策能否保障林业经营者权益的虚拟变量

表 4-3　赎买对林农家庭就业结构异质性影响模型相关变量指标及其含义

变量	含义
L_{it}^0	被解释变量非农劳动参与情况,有非农劳动取值为1,没有取值为0
$L_{i,t=0}^0$	表征赎买政策实施前基准年份非农劳动参与情况的虚拟变量,有非农劳动取值1,没有非农劳动取值0
T_t	表征赎买政策实施时间的虚拟变量,政策实施后取值为1,实施前取值为0
D_i	参与赎买政策取值为1,否则取值为0
X_{i_1}	户主年龄(周岁)
X_{i_2}	户主受教育年限(年)
X_{i_3}	16周岁(含)以上人口(人)
X_{i_4}	家庭拥有的固定生产资料(元)
X_{i_5}	家庭拥有的耐用消费品(元)

续表

变量	含义
X_{i_6}	家庭拥有的林地面积(亩)
X_{i_7}	林地的平均坡度(小于15°取值为1;15°~25°取值为2;大于25°取值为3)
R_i	参与赎买政策林地面积占每户总林地面积的比率
Y_i	赎买政策实施的年限
Q_j	将农民的基期收入由小到大排列,按四分位数分为四组——最穷的人、较穷的人、较富的人、最富的人,即 Q_j,其中 $j=[1,2,3,4]$。如果家庭属于四分位数 j,则 $Q_j=1$,否则为 0
E_j	根据户主教育水平,样本分成四分位数,设为 E_j,其中 $j=[1,2,3,4]$,如果家庭属于四分位数 j,则 E_j 取值为 1,否则为 0
O_j	根据家庭 16 周岁(含)以上人口数将样本分成四分位数,设为 O_j,其中 $j=[1,2,3,4]$,如果家庭属于四分位数 j,则 O_j 取值为 1,否则为 0

4.2.2.1　被解释变量选取

(1)林农生计指标(林农收入指标和劳动力指标)。

本章研究的是重点生态区位商品林赎买对林农生计的影响,因此选择收入指标和劳动力指标作为被解释变量,观察参与该政策及政策执行前后林农生计的变化,见表4-1。其中,林农收入指标包括年总收入、林业收入、农业收入、非农收入四个指标,劳动力指标包括林业劳动、农业劳动和非农就业三个指标。主要通过调研问卷收集这些指标的数据,分别收集 2014 年、2016 年、2018 年、2021 年的数据,并构成面板数据,来观察参与该政策是否促进林农收入的提高。

(2)劳动力转移。

为了进一步探讨重点生态区位商品林赎买政策是否会带来林农就业结构的变化,即是否带来劳动力转移的效应,在结构方程模型(表

4-2)中设置 LT 来代表劳动力转移,该被解释变量为潜变量,其显变量包括非农就业劳动力人数占家庭人口比例(%)、年家庭非农劳动数量(人·天)、非农劳动力的迁徙距离(千米)。其中通过年非农就业劳动力人数变化及非农就业劳动力人数占家庭人口的比例变化,可以观察劳动力从农业劳动转移到非农劳动的比例大小;通过非农劳动力的迁徙距离变化,可以观察该政策对劳动力的释放作用。在结构方程模型中,该变量同时作为衡量收入变化指标的解释变量。

(3)流动性约束。

如表 4-2,为了进一步探讨重点生态区位商品林赎买政策的执行给林农家庭带来的降低流动性约束效应,故设置 LC 为被解释变量,在结构方程中该变量为潜变量,其包含三个显变量指标,分别为林农家庭固定生产资料的变化、耐用消费品数量的变化和商品林赎买能否提高家庭收入的虚拟变量,同时,在结构方程模型中,该变量同时作为衡量收入变化指标的解释变量。

(4)家庭收入指标。

如表 4-2,通过设置 HI 作为被解释变量,来观察重点生态区位商品林赎买政策引起的家庭收入指标的变化,进而观察该政策对林农生计影响的路径。在结构方程模型中,该变量为潜变量,其包含三个显变量,分别为:赎买政策能否激励林业经营者积极性的虚拟变量、家庭年收入(元)和赎买政策能否保障林业经营者权益的虚拟变量。该变量与劳动力转移、流动性约束等被解释变量一起构成第二部分结构方程模型的三个相互作用的被解释变量,并通过参与该政策的自变量,来观察参与政策的劳动力转移效应和"流动性约束放松进而提高家庭收入"这一作用路径。劳动力转移和流动性约束放松既可以是实施赎买政策的结果,也可以是影响家庭收入的因素。因此,赎买政策对家庭收入的直接、间接和总体影响可以通过识别的途径来检测和分解。在结构方程模型中,赎买政策是一个外生潜在变量,而劳动力转移、流动性约束和家庭收入是内生潜在变量。在本方程模型中,将参与重点生态区位商品林赎买政策视为自变量,由于赎买政策的参与与否,主要由政府主导,因此,该变量不是一种内生选择,与家庭特征无关,可以忽略其内生性。

(5)非农劳动参与情况。

如表 4-3,为论证重点生态区位商品林赎买对林农家庭就业结构的影响,主要看劳动力是否由农业劳动转化为非农劳动,因此设置非农劳动参与情况这一指标作为被解释变量,并通过了解赎买政策如何影响非农劳动力,或者哪些类型的农民能够转移到非农业部门,进一步研究赎买政策是否对非农劳动力产生异质性影响。这种异质性影响主要有两个因素的作用:物质资本和人力资本。即农民事前拥有的物质资本和人力资本是否会对非农劳动参与产生异质性影响。

4.2.2.2　解释变量选取

(1)参与赎买政策虚拟变量。

如表 4-1,为了研究参与赎买政策对林农生计的影响,必须构造参与赎买政策的虚拟变量 D_i,有参与取值 1,否则取值 0。通过是否参与赎买政策来观察这一行为对林农生计的影响。

(2)赎买政策实施前后虚拟变量。

如表 4-1,设置赎买政策实施前后的虚拟变量 T_t,实施后取值 1,实施前取值 0。用该虚拟变量来表示实施赎买政策作为政策干预对林农生计所产生的影响。

(3)村庄特征控制变量。

如表 4-1,由于属于不同村庄的林农,其计量结果会受到不同村庄特征所带来的偏误,因此设置村庄特征控制变量来消除这种偏误,这一控制变量由村的年人均总收入、村非农业就业人口比例及村距离乡镇距离来衡量。

(4)家庭人口统计特征控制变量。

如表 4-1,为消除家庭人口统计特征所带来的计量结果偏误,设置

家庭人口统计特征控制变量,该变量包含家庭规模、16周岁(含)以上人口、户主受教育年限、家庭成员是否担任村干部等四个指标。

(5)家庭土地特征。

如表4-1,为消除家庭土地特征所带来的计量结果偏误,设置家庭土地特征控制变量,该变量包含林地面积、林地到房屋的平均距离、林地到道路的平均距离、林地坡度等四个指标。

(6)参与赎买政策的补贴及参与赎买政策林地面积比例。

如表4-2,为了研究赎买政策对林农生计的影响路径,构建结构方程模型SEM,在该结构方程模型中用参与赎买政策的补贴及参与赎买政策的林地面积比例来代表参与赎买政策这一外生解释变量,并用以观察其对劳动力转移、流动性约束和家庭收入的影响,从而探究赎买政策对林农生计的影响路径。

(7)非农就业人数及占家庭人口的比例及非农就业的迁徙距离。

如表4-2,赎买政策对林农生计的影响路径是通过参与赎买促进劳动力的转移,即劳动力从农业劳动转为非农劳动进而促进林农家庭收入提高的过程,因此设置非农就业劳动力人数占家庭人口的比例及非农迁徙距离等解释变量,来观察参与赎买政策对其的影响及其对家庭收入的影响。

(8)家庭拥有的固定生产资料及耐用消费品。

如表4-2,赎买政策对林农生计的影响路径也是通过参与赎买政策促进家庭流动性约束的放松并进而提高林农家庭收入的过程,因此设置家庭拥有的固定生产资料及耐用消费品等两个指标来观察流动性约束的变化,并据此观察参与赎买政策对家庭收入的影响。

(9)赎买政策实施前基准年份非农劳动参与情况的虚拟变量。

如表4-3,为了进一步探究参与赎买政策对非农劳动参与的影响,必须设置赎买政策实施前基准年份非农劳动参与情况的虚拟变量。因为赎买前非农劳动参与显然会影响赎买后非农劳动参与的情况,所以设置该虚拟变量来观察参与赎买政策在政策执行以后对非农劳动参与的影响。

(10)家庭拥有林地面积及坡度控制变量。

如表4-3,家庭拥有的林地面积及坡度显然是影响家庭参与赎买政策及进行非农劳动的因素,为了控制这一因素对计量结果产生的偏误,故设置家庭拥有林地面积及坡度两个控制变量。

(11)赎买政策实施年限控制变量。

如表4-3,赎买政策实施年限的长短,显然会影响林农家庭参与赎买政策的决策,并影响林农家庭非农就业的情况,因此设置该解释变量。

(12)基期收入四分位数。

如表4-3,为了进一步探究流动性约束对林农家庭非农就业的影响,考察不同收入水平的林农家庭劳动力分配是否不同,故设置基期收入四分位数虚拟变量,并结合DID模型来探讨不同家庭收入水平的非农就业效应。

(13)户主教育水平和16周岁(含)以上人口四分位数。

如表4-3,为了进一步探究人力资本对林农家庭非农就业影响的异质性,考察具有不同人力资本水平的林农家庭如何影响非农就业,故设置户主教育水平的四分位数虚拟变量和16周岁(含)以上人口四分位数虚拟变量,以此来代表不同人力资本水平的林农家庭,并据此结合DID模型并运用Logistic回归分析方法来探讨其对林农家庭非农就业的影响。

4.2.3　变量的描述性统计

为更好地探究重点生态区位商品林赎买政策对林农生计的影响,在对3个县13个乡镇103个村问卷调查的基础上进行数据整理和分析,采用Stata17运行"asdoc sum"命令得出如表4-4所示DID模型变量描述性统计表。

表 4-4 DID 模型变量描述性统计表

变量		样本量	平均数	标准差	最小值	最大值
Y(林农总收入/元)		1792	138631.96	57681.04	0	1000000
year(年份)		1792	2017	2.237	2014	2021
村庄特征	X_1(村人均年收入/元)	1787	28182.844	169331.47	0	103000
	X_2(村庄非农就业比例/%)	1780	62.535	19.173	10	90
	X_3(村庄距离乡镇距离/m)	1780	8.256	6.552	0	40
家庭人口统计特征	X_4(家庭规模/人)	1792	2.219	0.924	2	8
	X_5[16 岁(含)以上人口数/人]	1792	4.725	1.639	1	11
	X_6(户主受教育年限/年)	1792	3.853	1.327	0	4
	X_7(是否有村干部)	1788	0.472	0.499	0	1
家庭土地特征	X_8(家庭拥有土地面积/m²)	1792	136.268	414.591	0	5007
	X_9(林地坡度虚拟变量)	1788	2.723	0.571	0	3
	X_{10}(林地到房屋距离/m)	1780	1457.51	2126.935	0	20000
	X_{11}(林地到道路距离/m)	1776	3412.758	5052.089	0	50000
	D(是否参与赎买政策)	1792	0.201	0.401	0	1
	T(赎买实施前后虚拟变量)	1792	0.5	0.5001396	0	1

　　根据表 4-4 可知有效问卷为 448 份,涉及 13 个乡镇,面板数据的时间分别为 2014 年、2016 年、2018 年、2021 年四个时期;村人均年收入为28182.844元(最高数据为 103000 元,估计有统计偏误);村庄非农就业比例平均为62.535%,非农就业比例较高;村庄到乡镇距离平均为8.256千米;调研的家庭规模平均为2.219人,这是由于调研时以户计算,而有一些年轻人结婚后就独立成一户;户主受教育年限平均为3.853,根据问卷设计可知此为虚拟变量((6 年以下＝1;6 年到 9 年＝2;9 年到 12 年＝3;12 年以上＝4);大部分户主学历在初中毕业以上;是否有村干部虚拟变量值为 0.472,说明大部分家庭没有人担任村干部。

在家庭土地特征方面,家庭拥有的土地面积(包括林地、耕地等)在 136
亩左右;调研地区林地平均坡度虚拟变量值为 2.723,根据问卷设计内
容(小于 15°=1;15°~25°=2;大于 25°=3)说明大部分林地坡度在 25°
以上,比较陡峭;林地到房屋的距离平均为 1457.51 米;林地到道路的
距离平均为 3412.758 米。

4.3 赎买政策对林农收入的影响及路径

为弄清重点生态区位商品林赎买政策对林农收入的影响,构建DID 模型,随机选取调研地区没有参与赎买政策的林农家庭作为控制组,构建"反事实",选取调研地区参与赎买政策的林农家庭作为处理组,由于控制组和处理组在同一个调研地区随机分布,因此具备基于反事实构建 DID 模型的实践和理论基础,为此,构建如下 DID 模型:

$$Y_{it} = \beta_0 + \beta_1 T_t + \beta_2 D_i + \beta_3 (T_t \cdot D_i) + \sum_{j=1}^{j} \lambda_j X_{ij} + \varepsilon_{it} \quad (4\text{-}1)$$

模型相关变量在前述内容中已有说明,由于重点生态区位商品林赎买政策于 2015 年开始试点并于 2017 年正式实施,因此,在模型中 T_t 的取值以 2017 年前后作为计算标准,2017 年前取值为 0,2017 年后取值为 1,具体到结合问卷设计所生成的四期面板数据,2014 年、2016 年取值为 0,2018 年、2021 年取值为 1。

DID 模型成立的一个前提条件是处理组和控制组在政策实施前具有平行趋势,因此首先对模型进行平行趋势检验,得出图 4-4 所示结果。

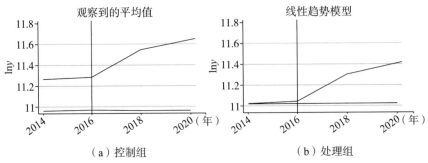

（a）控制组　　　　　　　　（b）处理组

图 4-4　赎买政策对林农收入影响 DID 模型平行趋势检验

根据 Stata17 绘制出来的平行趋势图可得出如下结论：

观察图 4-4(a)可知，在 2017 年以前(调研生成的面板数据为 4 期——2014 年、2016 年、2018 年、2021 年，因此图中竖线显示坐标 2016)，处理组和控制组具有一定的平行趋势，2017 年以后处理组曲线向右上方倾斜幅度比较大，而控制组曲线只有略微的变化，可以粗略地看出政策的影响效应，另外政策刚开始施行的时候曲线斜率更大，说明政策刚开始实施时对处理组林农收入的确有一个较为显著的刺激；图 4-4(b)显示了处理组和控制组随时间变化的预测值，基本符合平行趋势的假设。

以上分析只是根据图形得出的初步判断，要具体看是否具有平行趋势，还要根据数据进行平行趋势检验，为此在 Stata17 输入"estat ptrends"命令，得出图 4-5 所示结果。

平行趋势检验(预处理时间段)

H0(原假设)：线性趋势是平行的

$F(1,417)=2.32$

$\mathrm{Prob}>F=0.1289$

图 4-5　DID 模型面板数据平行趋势检验结果

根据图 4-5 可知，原假设为线性趋势是平行的，F 统计量为 2.32，$\mathrm{Prob}>F=0.1289$，显然在 10％的水平上不能拒绝原假设，因此接受平行趋势的假定，在政策实施前，该 DID 模型的处理组和控制组具有平行的趋势。

为了验证政策实施所带来林农收入提高这一因果效应是否成立，进一步做格兰杰因果检验，在 Stata17 中输入命令"estat granger"，得出图 4-6 所示结果。

格兰杰因果检验

H0(原假设):政策在实施前没有产生影响

$F(1,417)=2.32$

$Prob>F=0.1282$

图 4-6　DID 模型面板数据格兰杰因果检验结果

根据图 4-6 可知,原假设为政策在实施前没有产生影响,也即处理组和控制组在政策实施前并不具有处理效应,换句话说即处理组和控制组在赎买政策实施之前不存在显著差异。F 统计量为 2.32,Prob $>F=0.1282$,说明在 10% 的水平上不能拒绝原假设,也即由于处理组和控制组在赎买政策实施之前不存在显著差异,如果政策最终产生效应,那么完全是由赎买政策所带来的影响。

因此,可以进一步对模型的参数进行拟合,观察最终的模型结构和 DID 效果。

根据设计的 DID 模型在 Stata17 中输入命令进行拟合,需要说明的是为消除量纲的影响,对其中价格型数据全部取对数(分别为 lny、lnX_1、lnX_2、lnX_{10}、lnX_{11}),同时使用命令"gen"定义交互项 T * D = did,并分别使用回归"reg"命令和"xtdidregress"命令比较结果,得出表 4-5、表 4-6 所示数据。

表 4-5　DID 模型拟合结果统计表

lny	系数	标准差	t 值	P 值	[95%置信区间]	显著性
did	0.304	0.099	3.08	0.002	[0.110,0.497]	***
d	0.157	0.076	2.08	0.038	[0.009,0.306]	**
year	0.001	0.010	0.05	0.960	[-0.020,0.021]	
lnX_1	0.218	0.031	6.98	0.000	[0.157,0.279]	***
lnX_2	-0.015	0.047	-0.32	0.747	[-0.108,0.078]	
X_3	0.004	0.003	1.26	0.207	[-0.002,0.010]	
X_4	-0.011	0.023	-0.47	0.641	[-0.055,0.034]	
X_5	0.126	0.028	4.47	0.000	[0.071,0.182]	***
X_6	0.184	0.024	7.62	0.000	[0.136,0.231]	***

续表

lny	系数	标准差	t 值	P 值	[95％置信区间]	显著性
X_7	0.040	0.045	0.89	0.375	[−0.048,0.128]	
X_8	0.001	0.000	8.96	0.000	[0.001,0.001]	＊＊＊
X_9	0.146	0.037	3.99	0.000	[0.074,0.218]	＊＊＊
$\ln X_{10}$	0.037	0.016	2.35	0.019	[0.006,0.069]	＊＊
$\ln X_{11}$	0.001	0.015	0.08	0.935	[−0.028,0.030]	
Constant	6.185	20.815	0.30	0.766	[−34.641,47.010]	
因变量均值			11.058	因变量标准差		0.960
R 方			0.220	观测值		1679
F 检验			21.355	Prob＞F		0.000
Akaike 准则			4238.756	Bayesian 准则		4320.146

注:＊＊＊ $p＜0.01$,＊＊ $p＜0.05$。

表 4-6　DID 模型拟合结果统计表

组数和处理时间

时间变量:年

控制:did＝0

处理:did＝1

变量	控制组	处理组
组类别	337	83
时间最小值	2014	2021
时间最大值	2014	2021
观测值	1679	
数据类型	纵向	

lny	系数	聚类调整标准误	t	$P＞t$	[95％置信区间]
ATET did (1 vs 0)	0.322	0.032	10.030	0.000	[0.259,0.385]

根据表 4-5 的统计结果可知,交互项 did 的系数为 0.304,并且在 $p<0.01$ 的情况下显著,该指标说明实施了重点生态区位商品林赎买政策以后,参与赎买政策的处理组收入显著高于没参与政策(反事实)的控制组,这也说明重点生态区位商品林赎买政策的确给林农带来收入提高的效应。

根据表 4-6 的统计结果可知,交互项 did 的系数为 0.322 接近表 4-5 中的数据,同时 P 值为 0.000,说明模型拟合效果比较好,或者说比较显著,该指标含义同样说明实施了重点生态区位商品林赎买政策以后,参与赎买政策的处理组收入显著高于没参与政策(反事实)的控制组,这也说明重点生态区位商品林赎买政策的确给林农带来了收入提高的效应。

前面论证了重点生态区位商品林赎买政策所带来的林农家庭收入提高效应,那么这种收入的提高是通过什么路径完成的? 根据前述分析的重点生态区位商品林赎买对林农生计的影响机理可知,一般来讲,重点生态区位商品林赎买对林农收入的影响有两种路径,分别为直接影响路径和间接影响路径。

直接影响路径:通过赎买政策补贴直接提高林农家庭收入。

间接影响路径:通过促进劳动力转移和放松流动性约束间接提高农户家庭收入,具体见图 4-7。

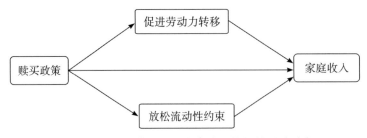

图 4-7　赎买政策对林农家庭收入的间接影响路径

劳动力转移和流动性约束放松既可以是实施赎买政策的结果,也可以是影响家庭收入的因素。因此,赎买政策对家庭收入的直接、间

接和总体影响可以通过识别的途径来检测和分解。对此可建立结构
方程(SEM)进行验证。在 SEM 中,赎买政策可视为一个外生潜在变
量,而劳动力转移、流动性约束和家庭收入则是内生潜在变量。因此,
在结构方程中将参与赎买政策(SM)视为自变量,由于赎买政策的参
与程度主要由政府主导,因此,该变量不是一种内生选择,与家庭特征
无关,可以忽略其内生性。设定结构方程:

$$LT = \beta_{2a} \times SM + \varepsilon_{2a} \tag{4-2}$$

$$LC = \beta_{3a} \times SM + \varepsilon_{3a} \tag{4-3}$$

$$HI = \beta_1 \times SM + \beta_{2b} \times LT + \beta_{3b} \times LC + \varepsilon \tag{4-4}$$

式中,LT、LC、HI 分别代表劳动力转移、流动性约束、家庭收入;
SM 代表参与赎买政策;β_1、β_{2a}、β_{2b}、β_{3a}、β_{3b} 代表回归系数;ε_{2a}、ε_{3a}、ε 分
别代表测量误差。具体变量含义可参见表 4-2 和表 4-7。

表 4-7　SEM 模型变量描述性统计表

变量	样本量	平均数	标准差	最小值	最大值
SM_1	222	111.5	64.23	1	222
SM_2	222	3.41	1.254	1	5
SM_3	222	3.158	0.789	0	4
LT_1	222	2.716	0.925	0	4
LT_2	222	0.548	0.235	0.143	1
LT_3	222	513.55	282.543	40	1460
LC_1	222	141.804	391.635	0.3	3000
LC_2	222	39843.378	79151.918	800	734000
LC_3	222	59226.937	103129.99	300	700000
HI_1	222	2.383	0.868	1	3
HI_2	222	61361.271	153981.76	0	1000000
HI_3	222	2.369	0.897	1	4

为了进一步消除量纲可能对统计结果造成的影响,对模型中 LT_2、LT_3、LC_2、LC_3、HI_2 五个价格型变量分别取对数,于是 SEM 模型变量的描述性统计总表为表 4-8。

表 4-8 SEM 模型变量描述性统计总表

变量	样本量	平均数	标准差	最小值	最大值
SM_1	222	111.500	64.23	1	222
SM_2	222	3.410	1.254	1	5
SM_3	222	3.158	0.789	0	4
LT_1	222	2.716	0.925	0	4
LT_2	222	0.548	0.235	0.143	1
LT_3	222	513.550	282.543	40	1460
LC_1	222	141.804	391.635	0.3	3000
LC_2	222	39843.378	79151.918	800	734000
LC_3	222	59226.937	10312.990	300	700000
HI_1	222	2.383	0.868	1	3
HI_2	222	61361.271	15398.760	0	1000000
HI_3	222	2.369	0.897	1	4
$lnLT_2$	222	6.080	0.601	3.689	7.286
$lnLT_3$	222	2.733	2.180	-1.204	8.006
$lnLC_1$	222	9.448	1.496	6.685	13.506
$lnLC_2$	222	10.094	1.335	5.704	13.459
$lnHI_2$	222	12.473	0.991	10.189	16.448

通过应用 Stata17 计量软件和所设立的结构方程模型,在 Stata17 中将模型表述为图 4-8 所示赎买政策对林农家庭收入的影响路径表达。

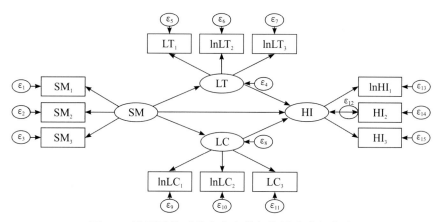

图 4-8　赎买政策对林农家庭收入的影响路径表达

　　将调研所得的数据整理后,应用 Stata17 进行 SEM 模型的拟合,
可得表 4-9。

表 4-9　SEM 模型拟合结果统计表

变量			系数	OIM 标准误	z	$P > z$	[95% 置信区间]
结构	LT	SM	−0.113	0.059	−1.900	0.057	[−0.229,0.004]
	LC	SM	0.319	0.176	1.810	0.070	[−0.027,0.665]
	HI	LT	−0.170	0.134	−1.270	0.020	[−0.433,0.093]
		LC	0.900	0.495	1.820	0.069	[−0.069,1.870]
		SM	0.069	0.085	0.810	0.041	[−0.097,0.235]
测量值	SM_1	SM	1(constrained)				
		_cons	3.410	0.084	40.600	0.000	[3.245,3.575]
	SM_2	SM	1.223	0.392	3.120	0.002	[0.454,1.992]
		_cons	3.158	0.053	59.790	0.000	[3.054,3.261]
	SM_3	SM	3.041	1.145	2.660	0.008	[0.796,5.287]
		_cons	2.716	0.062	43.850	0.000	[2.595,2.838]

续表

变量			系数	OIM标准误	z	P＞z	［95％置信区间］
测量值	LT₁	LT	1(constrained)				
		_cons	0.548	0.016	34.770	0.000	［0.517,0.578］
	lnLT₂	LT	2.846	1.311	2.170	0.030	［0.277,5.414］
		_cons	6.080	0.040	150.970	0.000	［6.001,6.159］
	lnLT₃	LT	3.491	2.076	1.680	0.093	［−0.579,7.560］
		_cons	2.733	0.146	18.730	0.000	［2.447,3.019］
	lnLC₁	LC	1(constrained)				
		_cons	9.448	0.100	94.290	0.000	［9.252,9.645］
	lnLC₂	LC	0.347	0.445	0.780	0.435	［−0.524,1.219］
		_cons	10.094	0.089	112.950	0.000	［9.919,10.270］
	LC₃	LC	3.295	1.402	2.350	0.019	［0.546,6.043］
		_cons	2.383	0.058	41.000	0.000	［2.269,2.497］
	lnHI₁	HI	1(constrained)				
		_cons	12.473	0.066	187.880	0.000	［12.343,12.603］
	HI2	HI	3.466	0.977	3.550	0.000	［1.551,5.382］
		_cons	2.369	0.060	39.380	0.000	［2.251,2.487］
	HI₃	HI	3.495	0.985	3.550	0.000	［1.564,5.425］
		_cons	2.414	0.060	40.330	0.000	［2.297,2.532］
var(e.SM₁)			1.481	0.143			［1.226,1.790］
var(e.SM₂)			0.492	0.056			［0.394,0.615］
var(e.SM₃)			0.065	0.171			［0.0001,1.165］
var(e.LT₁)			0.042	0.007			［0.030,0.059］

续表

变量	系数	OIM 标准误	z	$P>z$	[95％置信区间]
$var(e.lnLT_2)$	0.254	0.055			[0.166, 0.388]
$var(e.lnLT_3)$	4.570	0.452			[3.764, 5.548]
$var(e.lnLC_1)$	2.170	0.207			[1.801, 2.615]
$var(e.lnLC_2)$	1.766	0.168			[1.466, 2.128]
$var(e.LC_3)$	0.104	0.135			[0.008, 1.316]
$var(e.lnHI_1)$	0.922	0.088			[0.765, 1.111]
$var(e.HI_2)$	0.121	0.018			[0.090, 0.163]
$var(e.HI_3)$	0.101	0.017			[0.073, 0.142]
$var(e.LT)$	0.012	0.007			[0.004, 0.035]
$var(e.LC)$	0.051	0.044			[0.009, 0.276]
$var(e.HI)$	0.003	0.010			[0.000, 1.296]
$var(SM)$	0.085	0.055			[0.024, 0.301]

LR test of model vs. saturated: chi2(49)＝244.04, Prob＞chi2＝0.0000。

　　结合表 4-9, Stata17 最终得出了赎买政策对林农家庭收入影响路径的效果图, 见图 4-9。

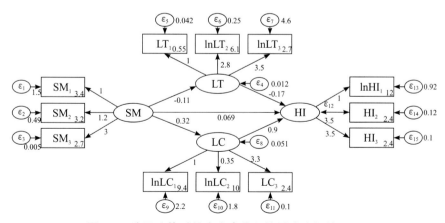

图 4-9　赎买政策对林农家庭收入的影响路径效果图

为了进一步检验模型的拟合效果,运用 Stata17 对模型进行相关检验,得出如下结果,见表 4-10。

表 4-10　SEM 模型检验结果统计表

拟合统计量		值	描述
似然值	chi2_ms(49)ratio	244.043	模型与饱和状态的比较
	$P>$chi2	0.000	
	chi2_bs(66)	991.420	基线与饱和状态的比较
	$P>$chi2	0.000	
信息准则	AIC	6462.027	akaike 信息准则
	BIC	6601.537	bayesia 信息准则
基线比较	CFI	0.789	比较-拟合指数
	TLI	0.716	塔克-刘易斯指数
残差大小	SRMR	0.121	标准化残差均方根
	CD	0.927	可决系数

根据表 4-10 可知,似然值(likelihood)是用来衡量观察数据在给定模型下的拟合程度。在结构方程模型中,通常使用最大似然法来估计模型参数,似然值越大,表示模型拟合数据的可能性越高,即模型与数据拟合程度越好。似然值的输出中的"$P>$chi2"是指对模型的拟合程度进行统计假设检验时,计算得到的 P 值大于模型的卡方值(chi-square value),模型输出结果 $P>$chi2,说明拟合效果较好,其值为 0.000,说明拟合的模型与包含全路径的完全饱和模型有显著的差异。CFI(comparative fit index):CFI 是一种衡量模型拟合程度的指标,与完美拟合模型(CFI=1)相比较,其值越接近 1 表示模型拟合效果越好。通常,CFI 值大于 0.90 被认为是较好的拟合效果,而大于 0.95 则被认为是较为理想的拟合效果。在这里,CFI 值为 0.789,表示模型的拟合效果一般。TLI(tucker-lewis index):TLI 也是一种衡量模型拟合程度的指标,类似于 CFI,TLI 的取值范围在 0 到 1 之间,越接近 1

表示模型拟合效果越好。常见的判定标准是 TLI 值大于 0.90 表示拟合效果尚可,大于 0.95 表示拟合效果较好。在这里,TLI 值为 0.716,表示模型的拟合效果一般。SRMR(standardized root mean square residual):SRMR 是一种衡量模型拟合优度的指标,它表示模型预测值与观察值之间的标准化残差的均方根。SRMR 值越小越好,通常认为在 0.08 以下表示拟合效果较好,而在 0.08 到 0.10 之间表示拟合效果尚可。表 4-12 中,SRMR 值为 0.121,表示模型的拟合效果还可以。上述对本结构方程模型拟合程度的检验指标的判断,说明设定的结构方程模型总体上符合预期,可以说明问题。

根据图 4-9 和表 4-9,赎买政策实施(SM)和促进劳动力转移(LT)之间的路径系数为 -0.11,赎买政策实施(SM)和放松流动性约束(LC)之间的路径系数为 0.32,劳动力转移(LT)和林农收入(HI)之间的路径系数为 -0.17,流动性约束(LC)和林农收入(HI)之间的路径系数为 0.90,赎买政策实施(SM)和林农收入(HI)之间的路径系数为 0.069。这其中 z 值衡量的是观察到的统计量与期望的平均值之间的偏离程度。P 值则表示观察到的统计量产生于零假设条件下的概率。这几个统计量的 P 值($P > z$)分别为 0.057、0.070、0.020、0.069、0.041,均在 $p < 0.1$ 或 $p < 0.05$ 的水平上显著。由此可知,实施重点生态区位商品林赎买政策以后,通过流动性约束的放松和劳动力的转移促进了林农家庭收入的提高。赎买政策的实施对林农家庭收入的提高有一个正向的直接效应,但这个正向的直接效应比较微弱,其路径系数只有 0.069。而赎买政策对林农家庭劳动力转移的效应进而对林农收入的影响效应为负,这可能与新冠肺炎疫情对劳动力的迁移和非农就业水平产生的影响有关。赎买政策对林农家庭流动性约束的放松效应进而提高了林农家庭收入,这一间接效应比较明显,显著为正,这也带来了整体效应的正向影响,符合理论的同时,也验证了前文提出的假设。

4.4 赎买政策对林农就业结构的影响

由上一节可知赎买政策会对林农的劳动力分配产生影响，为了进一步探究赎买政策对林农就业结构的影响，本小节利用基于反事实的政策评估双重差分（DID）计量经济模型，来探究重点生态区位商品林赎买政策对林农就业结构的影响。具体的模型如下：

$$L_{it}^0 = \beta_0 + \beta_1 T_t + \beta_2 D_i + \beta_3 (T_t \times D_i) + \beta_4 L_{i,t=0}^0 + \gamma X_i + \varepsilon_{it} \quad (4\text{-}5)$$

其中，L_{it}^0指非农劳动参与情况，有非农劳动取值 1，没有非农劳动则取值 0；T_t指赎买政策实施的时间虚拟变量，赎买政策实施后取值 1，赎买政策实施前取值 0；D_i为虚拟变量，参与赎买政策（处理组）取值 1，不参与赎买政策（控制组）取值 0；$T_t \times D_i$为交互项；$L_{i,t=0}^0$为赎买政策实施前基准年份非农劳动参与情况的虚拟变量，有非农劳动取值 1，没有非农劳动取值 0；X_i为家庭特征变量。最终的拟合模型主要观察β_3的数值。

本节所用模型具体的指标及其含义见表 4-3。经过对实地调研数据的整理，具体变量的描述性统计见表 4-11。

表 4-11　DID 模型变量描述性统计表

变量	样本量	平均数	标准差	最小值	最大值
X_1	1752	53.703	9.723	21	87
X_2	1752	2.221	0.926	0	8
X_3	1748	3.851	1.331	0	10

续表

变量	样本量	平均数	标准差	最小值	最大值
X_4	1792	2.219	0.924	2	8
X_5	1792	4.725	1.639	1	11
X_6	1752	179.708	75.599	0.2	500
X_7	1728	2.725	0.566	0	3
D	1752	0.192	0.394	0	1
T	1792	0.500	0.500	0	1
L_t	1746	0.819	0.385	0	1
L_0	1744	0.739	0.440	0	1
year	1752	2017.25	2.587	2014	2021

由于 L_{it}^0 是离散型二值变量,因此上述 DID 模型[式(4-5)]的估计采用 Logistic 回归分析方法,将数据用 stata17 进行模型的拟合,为了消除量纲的影响对 X_1、X_5、X_6 分别取对数,对整个模型的拟合采用 Logistic 命令,得到如下表 4-12 所示统计表。

表 4-12　DID 模型拟合结果统计表

L_t	系数	标准差	t 值	P 值	[95% 置信区间]	显著性
$T_t * D_i$	11.609	1.237	9.38	0.000	[9.184,14.034]	***
T_t	1.007	0.617	1.63	0.103	[−0.203,2.217]	
D_i	−5.715	0.876	−6.53	0.000	[−7.431,−3.999]	***
$\ln X_1$	−0.172	1.334	−0.13	0.898	[−2.786,2.443]	
X_2	0.038	0.256	0.15	0.881	[−0.463,0.539]	
X_3	−0.661	0.195	−3.39	0.001	[−1.044,−0.279]	***
X_4	0.000	0.000	−0.59	0.557	[0.000,0.000]	
$\ln X_5$	0.361	0.175	2.06	0.039	[0.018,0.704]	**
$\ln X_6$	0.046	0.134	0.34	0.730	[−0.216,0.309]	
X_7	−0.384	0.434	−0.88	0.376	[−1.234,0.466]	
L_0	10.089	0.949	10.63	0.000	[8.228,11.95]	***

续表

L_t	系数	标准差	t 值	P 值	[95%置信区间]	显著性
Constant	−3.487	5.902	−0.59	0.555	[−15.055,8.081]	
因变量均值			0.804	因变量标准差		0.397
伪 R 方			0.873	观测值		1468
卡方检验			1267.145	Prob>chi2		0.000
Akaike 准则			207.551	Bayesian 准则		271.051

注: *** $p<0.01$, ** $p<0.05$。

根据表 4-12 可知，伪 R 方的值为 0.873，说明模型拟合效果良好。由于基于反事实的政策评估双重差分（DID）经济模型主要观察交互项，模型中交互项 $T_t * D_i$ 的系数为 11.609，在 $p<0.01$ 的水平上显著，说明相较于没有参与重点生态区位商品林赎买政策的林农，参与该政策的林农在政策实施后非农劳动有了显著的增长，劳动力从林业中释放出来。

4.5　赎买政策对非农劳动力影响的异质性

4.4 节中的 DID 模型论证了赎买政策会导致非农业劳动力参与的增加。然而,DID 模型的估计并不能让我们了解赎买政策是如何影响非农业劳动力的,或者哪些类型的农民能够转移到非农业部门。为了进一步研究赎买政策是否对非农业劳动力产生异质性影响,需要了解两个因素的作用:物质资本和人力资本。即,农民事前拥有的物质资本和人力资本是否会对非农劳动力产生异质性影响。

4.5.1　物质资本对非农劳动力影响的异质性

将农民的基期收入(包括牲畜资产、生产性固定资产和耐用消费品的价值、贷款和存款),由小到大排列,按四分位数分为四组——最穷的人、较穷的人、较富的人、最富的人,即 Q_j,其中 $j=[1,2,3,4]$。如果家庭属于四分位数 j,则 $Q_j=1$,否则为 0。模型变为:

$$L_{it}^0 = \beta_0 + \beta_1 T_t + \beta_2 D_i + \sum_{j=1}^4 \beta_{3,j} \times (Q_j \times T_t \times D_i) + \beta_4 L_{i,t=0}^0 + \gamma X_i + \varepsilon_{it}$$

$$(4-6)$$

如果一个家庭的非农就业限制确实因参与赎买政策而得以缓解,那么参与重点生态区位商品林赎买政策将对参与非农劳动力市场产生积极影响。在实证模型中,我们基于之前的研究做出一个预判:在赎买政策实施前物质水平较低的家庭(属于较低两个四分位数的家庭)在获得补偿时,其非农劳动力约束将比物质水平较高的家庭(属于较高两个四分位数的家庭)更为缓解。

为更好地拟合模型,克服多重共线性的可能,将模型中的 Q_j 做如下赋值:属于最穷的人 $Q_1=1$,否则 $Q_1=0$;属于较穷的人 $Q_2=1$,否则 $Q_2=0$;属于较富的人 $Q_3=1$,否则 $Q_3=0$;属于最富的人 $Q_4=Q_1=Q_2=Q_3=0$,也就是以最富的人作为标准(系数为 0)来观察其他三组的情况。由于 L_{it}^0 是离散型二值变量,因此上述 DID 模型[(式 4-6)]的估计采用 Logistic 回归分析方法,将数据用 stata17 进行模型的拟合,为了消除量纲的影响,对 X_1、X_5、X_6 分别取对数,对整个模型的拟合采用 logistic 命令,得到如表 4-13 所示统计表。

表 4-13　物质资本对参与赎买政策的非农就业影响拟合统计表

L_t	系数	标准差	t 值	P 值	[95% 置信区间]	显著性
$Q_1*T_t*D_i$	2.633	1.112	2.37	0.018	[0.455,4.812]	**
$Q_2*T_t*D_i$	2.813	1.084	2.59	0.009	[0.688,4.937]	***
$Q_3*T_t*D_i$	2.548	0.730	3.49	0.000	[1.118,3.978]	***
T_t	4.109	0.599	6.86	0.000	[2.935,5.282]	***
D_i	1.815	0.477	3.81	0.000	[0.881,2.750]	***
$\ln X_1$	0.940	1.076	0.87	0.382	[−1.170,3.050]	
X_2	−0.028	0.194	−0.14	0.886	[−0.407,0.352]	
X_3	−0.293	0.149	−1.97	0.049	[−0.584,−0.001]	**
X_4	0.000	0.000	−0.71	0.477	[0.000,0.000]	
$\ln X_5$	0.157	0.136	1.16	0.247	[−0.109,0.424]	
$\ln X_6$	−0.048	0.105	−0.45	0.649	[−0.254,0.159]	
X_7	−0.304	0.306	−0.99	0.321	[−0.904,0.296]	
L_0	9.512	0.755	12.60	0.000	[8.032,10.991]	***
Constant	−8.594	4.733	−1.82	0.069	[−17.870,0.682]	*
因变量均值			0.804	因变量标准差		0.397
伪 R 方			0.796	观测值		1468
卡方检验			1154.282	Prob>chi2		0.000
Akaike 准则			324.414	Bayesian 准则		398.497

注:*** $p<0.01$,** $p<0.05$,* $p<0.1$。

根据表 4-13 可知,伪 R 方的值为 0.796,说明模型拟合效果良好。由于基于反事实的政策评估双重差分(DID)计量经济模型主要观察交互项,模型中交互项 $Q_1 * T_t * D_i$、$Q_2 * T_t * D_i$、$Q_3 * T_t * D_i$ 的系数分别为 2.633、2.813、2.548,均大于零,并且分别在 $p < 0.05$、$p < 0.01$、$p < 0.01$ 的水平上显著,说明参与重点生态区位商品林赎买政策以后,在政策开始执行之后,不管是最穷的人、较穷的人还是较富的人,非农就业均有增加。由于模型的拟合以最富的人为基准作为参考,根据上面的拟合数据,非农就业增加的概率从大到小排列为:较穷的人>最穷的人>较富的人>最富的人。这进一步说明赎买政策实施前流动性水平较低的家庭(属于较低两个四分位数的家庭)在参与重点生态区位商品林赎买政策并获得补偿以后,其流动性约束将比流动水平较高的家庭(属于较高两个四分位数的家庭)更为缓解,更容易获取非农就业机会。

4.5.2　人力资本对非农劳动力影响的异质性

为了解人力资本是如何影响赎买政策在家庭中的非农劳动力分配效果的,研究将年龄和教育程度作为人力资本的两个基本指标,它们对个人找到非农业工作影响较大。高等教育有望从非农业劳动力中获得更高的回报。教育被定义为完成教育的年限,被认为是掌握个人在非农业劳动力市场上从事某项工作所能掌握的技能。为了检验该项目对非农业劳动力的影响是否受到人力资本的影响,根据初始教育水平和年龄组将样本分成四分位数,设为 E_j 和 O_j,其中 $j = [1, 2, 3, 4]$,如果家庭属于四分位数 j,则 E_j 和 O_j 取值为 1,否则为零。在收集调研问卷的数据时,E_j 按户主受教育年限来进行赋值(6 年以下=1;6 到 9 年=2;9 到 12 年=3;12 年以上=4),O_j 按家庭 16 周岁(含)以上人数进行赋值,得到以下两个方程:

$$L_{it}^{0} = \beta_0 + \beta_1 T_t + \beta_2 D_i + \sum_{j=1}^{4} \beta_{3,j} \times (E_j \times T_t \times D_i) +$$
$$\beta_4 L_{i,t=0}^{0} + \gamma X_i + \varepsilon_{it} \tag{4-7}$$

$$L_{it}^{0} = \beta_0 + \beta_1 T_t + \beta_2 D_i + \sum_{j=1}^{4} \beta_{3,j} \times (O_j \times T_t \times D_i) +$$
$$\beta_4 L_{i,t=0}^{0} + \gamma X_i + \varepsilon_{it} \tag{4-8}$$

在实证模型中,我们根据之前的研究预判:在赎买政策实施前教育水平较高的家庭(属于较高两个四分位数的家庭)在获得补偿时,其非农劳动力约束将比教育水平较低的家庭(属于较低两个四分位数的家庭)更为缓解。

为更好地拟合模型,将模型中 E_j 的值进行四等分并做如下赋值:属于受教育程度最低的人 $E_1=1$,否则 $E_1=0$;属于受教育程度较低的人 $E_2=1$,否则 $E_2=0$;属于受教育程度较高的人 $E_3=1$,否则 $E_3=0$;属于受教育程度最高的人 $E_4=1$,否则 $E_4=0$。由于 L_{it}^{0} 是离散型二值变量,因此上述 DID 模型[式(4-7)]的估计采用 Logistic 回归分析方法,将数据用 stata17 进行模型的拟合,为了消除量纲的影响,对 X_1、X_5、X_6 分别取对数,对整个模型的拟合采用 logistic 命令,得到如表 4-14 所示统计表。

表 4-14　受教育程度对参与赎买政策的非农就业影响拟合统计表

L_t	系数	标准差	t 值	P 值	[95% 置信区间]	显著性
$E_1 * T_t * D_i$	4.803	0.740	8.10	0.000	[3.528,6.078]	***
$E_2 * T_t * D_i$	5.404	0.650	8.32	0.000	[4.131,6.678]	***
$E_3 * T_t * D_i$	6.856	0.859	7.98	0.000	[5.173,8.539]	***
$E_4 * T_t * D_i$	7.128	0.832	8.22	0.010	[6.245,8.011]	***
$\ln X_1$	−0.075	1.054	−0.07	0.943	[−2.141,1.992]	
X_2	−0.685	0.159	−4.30	0.000	[−0.998,−0.372]	***
X_3	−0.195	0.145	−1.35	0.177	[−0.479,0.088]	
X_4	0.000	0.000	−1.02	0.309	[0.000,0.000]	

续表

L_t	系数	标准差	t 值	P 值	［95％置信区间］	显著性
$\ln X_5$	0.178	0.136	1.31	0.189	［$-0.088, 0.444$］	
$\ln X_6$	-0.047	0.100	-0.47	0.636	［$-0.244, 0.149$］	
X_7	-0.238	0.282	-0.84	0.399	［$-0.790, 0.314$］	
L_0	7.528	0.473	15.90	0.000	［$6.600, 8.456$］	＊＊＊
Constant	-1.003	4.602	-0.22	0.828	［$-10.023, 8.018$］	
因变量均值				0.804	因变量标准差	0.397
伪 R 方				0.781	观测值	1468
卡方检验				1132.777	Prob＞chi2	0.000
Akaike 准则				339.919	Bayesian 准则	398.127

注：＊＊＊ $p < 0.01$。

根据表 4-14 可知,伪 R 方的值为 0.781,模型拟合效果良好。由于基于反事实的政策评估双重差分(DID)计量经济模型主要观察交互项,模型中交互项 $E_1 * T_t * D_i$、$E_2 * T_t * D_i$、$E_3 * T_t * D_i$、$E_4 * T_t * D_i$ 的系数分别为 4.803、5.404、6.856、7.128,并且均在 $p < 0.01$ 的水平上显著,说明随着家庭教育水平的提高,参与重点生态区位商品林赎买可以提高非农就业的概率,教育水平在非农就业中扮演着重要角色;同时也表明参与重点生态区位商品林赎买政策以后,在政策开始执行之后,不管家庭的受教育水平如何,非农就业均有增加。根据表 4-14 的拟合数据,非农就业增加的概率从大到小排列为:受教育水平最高的人＞受教育水平较高的人＞受教育水平较低的人＞受教育水平最低的人。这进一步说明赎买政策实施前受教育水平较高的家庭(属于较高两个四分位数的家庭)在参与重点生态区位商品林赎买政策并获得补偿以后,将比受教育水平较低的家庭(属于较低两个四分位数的家庭)更容易获取非农就业机会。这体现了教育程度对非农就业影响的异质性。

为进一步探究年龄对非农劳动力影响的异质性，在上述实证模型[（式 4-8）]中，我们根据之前的研究预判：在赎买政策实施前平均年龄较低的家庭（属于较低两个四分位数的家庭）在获得补偿时，其非农劳动力约束将比平均年龄较高的家庭（属于较高两个四分位数的家庭）更为缓解。

为更好地拟合模型，将模型中 O_j 的值进行四等分并做如下赋值：属于 16 周岁（含）年龄以上人数最少的家庭 $O_1 = 1$，否则 $O_1 = 0$；属于 16 周岁（含）年龄以上人数较少的家庭 $O_2 = 1$，否则 $Q = 0$；属于 16 周岁（含）以上年龄人数较多的家庭 $O_3 = 1$，否则 $O_3 = 0$；属于 16 周岁（含）以上年龄人数最多的家庭 $O_4 = 1$，否则 $O_4 = 0$。由于 L_{it}^0 是离散型二值变量，因此上述 DID 模型（4）的估计采用 Logistic 回归分析方法，将数据用 stata17 进行模型的拟合，为了消除量纲的影响，对 X_1、X_5、X_6 分别取对数，对整个模型的拟合采用 logistic 命令，得到如表 4-15 所示统计表。

表 4-15　年龄对参与赎买政策的非农就业影响拟合统计表

L_t	系数	标准差	t 值	P 值	[95%置信区间]	显著性
$O_1 * T_t * D_i$	5.128	0.468	6.53	0.041	[4.317,5.939]	**
$O_2 * T_t * D_i$	5.683	0.577	9.85	0.000	[4.552,6.814]	***
$O_3 * T_t * D_i$	6.767	0.814	8.32	0.000	[5.173,8.362]	***
$O_4 * T_t * D_i$	6.969	0.836	8.75	0.000	[5.218,8.720]	***
$\ln X_1$	−0.015	1.105	−0.01	0.989	[−2.181,2.151]	
X_2	−0.027	0.215	−0.12	0.901	[−0.447,0.394]	
X_3	−0.678	0.154	−4.42	0.000	[−0.980,−0.377]	***
X_4	0.000	0.000	0.17	0.867	[0.000,0.000]	
$\ln X_5$	0.145	0.139	1.05	0.295	[−0.127,0.417]	
$\ln X_6$	−0.038	0.106	−0.36	0.716	[−0.245,0.169]	
X_7	−0.089	0.352	−0.25	0.800	[−0.779,0.600]	
L_0	8.343	0.569	14.67	0.000	[7.228,9.458]	***

续表

L_t	系数	标准差	t 值	P 值	[95％置信区间]	显著性
Constant	−1.517	4.825	−0.31	0.753	[−10.974,7.941]	
因变量均值			0.800	因变量标准差		0.400
伪 R 方			0.801	观测值		1436
卡方检验			1151.073	Prob＞chi2		0.000
Akaike 准则			307.528	Bayesian 准则		365.493

注：*** p＜0.01，** p＜0.05。

根据表 4-15 可知，伪 R 方的值为 0.801，模型拟合效果良好。由于基于反事实的政策评估双重差分（DID）计量经济模型主要观察交互项，模型中交互项 $O_1 * T_t * D_i$、$O_2 * T_t * D_i$、$O_3 * T_t * D_i$、$O_4 * T_t * D_i$ 的系数分别为 5.128、5.683、6.767、6.969，并且分别在 p＜0.05 和 p＜0.01 的水平上显著，说明随着家庭 16 周岁（含）以上人口数的增加，参与重点生态区位商品林赎买可以提高非农就业的概率，年龄在非农就业中扮演着重要角色；同时也表明参与重点生态区位商品林赎买政策以后，在政策开始执行之后，不管家庭的年龄组成情况如何，非农就业均有增加。根据表 4-15 的拟合数据，非农就业增加的概率从大到小排列为：16 周岁（含）以上人口最多的家庭＞16 周岁（含）以上人口较多的家庭＞16 周岁（含）以上人口较少的家庭＞16 周岁（含）以上人口最少的家庭。这体现了重点生态区位商品林赎买政策实施后，家庭年龄对非农就业影响的异质性。

4.6　本章小结

　　本章主要探讨重点生态区位商品林赎买政策对林农生计的影响。重点生态区位商品林赎买政策对林农生计会有一定影响,对于不同类型的林农也有不同的影响,其影响机理既有积极效应,也可能产生风险。参与重点生态区位商品林赎买政策的林农相对于同一地区没有参与该政策的林农,收入有一定程度的提高。为进一步提高林农收入,切实化解生态保护和林农利益间的矛盾,政府可以通过林权流转、生态补偿激励、劳动力转移等重点生态区位商品林赎买政策带来的效应,实现林农的收入增加,同时要注意防范该政策在林农集体收益权、林农可持续生计等方面可能产生的风险。

　　通过对福建省实施重点生态区位商品林赎买政策的 3 个县(市)13个乡镇 103 个村的实地调研,对调研的数据采用 DID、SEM、Logistic 等高级计量方法进行实证研究,分别探讨重点生态区位商品林赎买政策对林农生计的影响、重点生态区位商品林赎买政策对林农生计的影响路径、重点生态区位商品林赎买政策对林农生计影响的异质性等问题。实地调研数据和实证研究结果表明:重点生态区位商品林赎买政策有效促进了林农生计的改善,这种改善包括直接收入的提高和非农就业的增加;重点生态区位商品林赎买促进林农生计的改善主要通过促进劳动力转移和放松流动性约束的路径来实现;重点生态区位商品林赎买政策在提升参与政策林农家庭的非农就业时体现出关于物质资本和人力资本的异质性。

第 5 章

▶ 重点生态区位商品林赎买对森林生态保护的影响

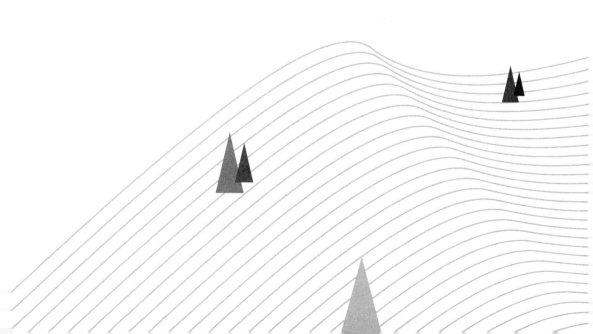

森林生态效益补偿(PES)是世界范围内基于激励和保护的一种重要形式。重点生态区位商品林赎买属于区域森林生态效益补偿政策。在减少毁林或森林退化的背景下,森林生态效益补偿(PES)项目保护森林的目标是通过提高森林土地的回报来促进额外的森林保护("额外性"或"避免毁林")。虽然这种逻辑在理论上是合理的,但人们担心森林生态效益补偿(PES)项目可能不会产生附加的环境效益。本章力图通过重点生态区位商品林赎买政策的实施对林业生产性投入的影响来系统论证区域生态补偿机制是否能促进森林生态保护。衡量森林生态保护效果最直接的指标为森林覆盖率的变化,但由于研究区域、技术手段和获取数据的局限性,笔者无法获取完整的森林覆盖率的相关数据,因此,采用林业生产性投入指标来说明森林生态保护的行为及效果,其基本逻辑为重点生态区位商品林赎买促进了林业生产性投入的增加,而林业生产性投入的增加促进了森林生态保护的行为并提升了森林生态保护的效果。需要指出的是,这里的生产性投入的增加包含赎买后林农在自身还拥有的(剩下的)非重点生态区位商品林上的生产性投入。

　　为衡量重点生态区位商品林赎买政策对林业生产性投入的影响,主要通过固定效应模型来论证赎买政策与林业劳动投入和生产支出的关系。在经济学中,基本生产要素包括劳动、土地、资本和企业家才能。林地、资本(生产支出)和劳动力是森林资源管理的基本生产要素。在林业中,土地是固定的,不予考虑;企业家才能对林业生产的影响由于林业规模和社会基本情况也不予考虑。因此本章只论述重点生态区位商品林赎买政策对林业劳动投入(劳动生产要素)和生产支出(资本生产要素)的影响,目的是论证影响林木所有权和林木管理活动的重点生态区位商品林赎买政策对林业生产性投入的影响,并观察其对森林生态保护的影响。

5.1　重点生态区位商品林赎买对森林生态保护影响的机理分析

　　重点生态区位商品林赎买与森林生态保护密切相关。重点生态区位商品林赎买政策的实施有利于缓解重点生态区位商品林采伐与生态保护之间的矛盾，通过对特定地区内的商品林资源进行赎买，以保护生态环境、促进林业可持续发展，并提高生态服务功能和社会经济效益。重点生态区位商品林赎买对森林生态保护的机理（见图 5-1）主要体现在两个方面：一是重点生态区位商品林赎买可以促进可持续林业经营管理进而促进森林生态保护；二是重点生态区位商品林赎买可以提高林业生产性投入进而促进森林生态保护。

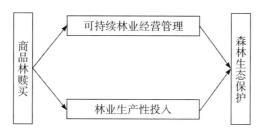

图 5-1　重点生态区位商品林赎买对森林生态保护的机理分析

5.1.1　商品林赎买可以促进可持续林业经营管理

　　商品林赎买可以提供一定的经济激励，鼓励经营者采取可持续的林业管理措施。根据表 3-18 的数据，超过 50% 的农户认为商品林赎买可以激励林业经营者的积极性，林业经营者会意识到保护林地生态价值的重要性,因此倾向于实施可持续的林业管理方式,如采取合理采伐、植被恢复和生态修复等措施,鼓励可持续林业管理和合理利用森林资源。另外,政府通过商品林赎买政策将商品林调整为公益林后,可以加强对非法砍伐和破坏性活动的打击,通过提高对违规行为的惩罚措施、规范林业经营和采伐活动,促进可持续林业经营管理,确保森林资源可持续利用,同时平衡经济发展和生态保护的关系。

5.1.2　商品林赎买可以增加林业生产性投入

重点生态区位商品林赎买政策采用的补偿机制会鼓励、激励商品林的所有者和保护者。政府通过支付补偿费用,向森林权益人赎买生态价值较高的商品林,使其得到经济回报,并鼓励他们继续增加投入保护和管理森林资源。商品林赎买可以为林农提供额外的收入来源,使其不完全依赖于林地的木材销售。比如通过发展其他林产品或生态旅游等产业,林农也可以获得更稳定和可持续的经济收入,降低对自然资源的过度依赖,进而促进森林生态的保护。另外,林农得到一定的经济收入后,有部分人会继续加大对非重点生态区位商品林的生产性投入,主动进行退耕还林、生态修复等。这种创新的生态补偿机制在经济发展和生态保护之间取得了有效的平衡,不但维护了重点生态区位商品林的生态保护,还会进一步促进林农对非重点生态区位商品林的投入和保护,提升整体森林生态保护效果。

根据对上述机理的分析,重点生态区位商品林赎买政策通过促进可持续林业经营管理和增加林业生产性投入等方式,推动了森林生态保护宏观目标的实现。

5.2　研究假说

从新古典经济学的角度,作为理性的经济实体,林农家庭从事营林活动的主要动机是利润最大化。而影响林农的林业生产要素配置因素主要有四个:一为国家林业管理部门出台的加强林地产权的政策;二为政府的财政和其他激励措施;三为市场条件的变化与调整;四为其他改变林农家庭生产预期的相关政策。林农家庭以最大限度地提高利润;家庭和村庄特征决定了林农家庭对森林资源管理的偏好,也改变了其与经营林业有关的成本或收益。通常,农村家庭将分配其资源以最大限度地获取收益,农村家庭的林业生产要素配置行为是由林地产权、市场因素等决定的。因此,他们的林业生产要素分配不仅是市场条件的函数,而且也是其他可能改变生产的变量的函数。

于是假设:理性的农村家庭对劳动力、生产支出等林业生产要素的投入是由预期在未来某一天的回报驱动的,对未来回报的期望由市场因素 MF、界定产权的制度安排 TEN、其他与森林有关的公共政策 RP 以及各种家庭和村庄特征 OC 来解释[①]。具体方程如下:

$$E(\pi) = f(\text{MF}, \text{TEN}, \text{RP}, \text{OC}) \tag{5-1}$$

生产要素是土地、劳动力和生产支出(投入),它们的市场对应项包括产出价格和这些生产要素的投入成本;关键的体制安排是那些决定产权的因素;重要的公共政策变量是限制林业生产的政策补贴、税

---

① 　Head J G,Shoup C S.Public goods,private goods,and ambiguous goods[J]. The Economic Journal,1969,79(315):567-572.

收、费用条例等;任何数量的家庭或村庄特征都会影响林业的生产性投入。于是有:

$$L = f_1(\text{MF}, \text{TEN}, \text{RP}, \text{OC}, \text{FL}) \qquad (5\text{-}2)$$

$$K = f_2(\text{MF}, \text{TEN}, \text{RP}, \text{OC}, \text{FL}) \qquad (5\text{-}3)$$

其中 L 代表林业劳动,即家庭用于林业活动的人工天数;K 代表林业生产支出,即林业生产支出或投入;FL 为家庭拥有的林地面积(因为林地规模显然会影响劳动和资本的投入)。

5.3　数据来源、变量选取及描述性统计

5.3.1　数据来源及变量选取

本章的数据来源于两部分：一部分数据来源于实地调研（在南平展开的调研，与第 4 章来源相同）的数据，具体包括家庭每年用于林业活动的人工天数、家庭每年用于林业的生产支出、家庭的林地规模、家庭是否使用林地作为抵押、家庭是否签署赎买政策合同、家庭拥有林地的规模、家庭收入、家庭劳动力人数、村庄平均农业补贴、家庭是否有森林保险、家庭是否有赎买政策补贴、家庭是否收到造林/再造林补贴等；另一部分来源于国家统计年鉴和中国劳动统计年鉴的数据，具体包括木材价格指数、农产品价格指数、非农就业工资指数、农业的劳动力成本指数、林业的劳动力成本指数。以上数据均选取 2014 年、2016 年、2018 年、2021 年这 4 年的数据，构成面板数据。本章的变量选取见表 5-1。

表 5-1　重点生态区位商品林赎买政策对林业生产性投入影响变量表

变量	指标	变量	指标
MF	木材价格指数(2013 年＝1)	OC	家庭年收入(元)
	农产品价格指数(2013 年＝1)		村平均农业补贴(元/亩)
	非农就业工资指数(2013 年＝1)		家庭劳动力规模(人)
	农业的劳动力成本指数(2013 年＝1)	TEN	家庭使用林地作为贷款抵押(是＝1;否＝0)
	林业的劳动力成本指数(2013 年＝1)		家庭签署了赎买政策的合同(是＝1;否＝0)
RP	家庭参加森林保险(如果是＝1;否＝0)	L	家庭投入的森林劳动(人·天/年)
	收到造林/再造林补贴(如果是＝1;否＝0)	K	家庭年林业生产支出(元)
FL	家庭拥有的林地面积(亩)		

MF:市场因素。农户家庭管理森林的生产要素分配将影响其潜在收益和成本,如市场准入①、林业生产的投入和产出价格、生产要素替代用途的价格②。生产支出的预算限制是决定林业生产性投入使用的关键因素。因此,MF 包括林业和农产品的投入成本和产出价格,其中:投入成本包括林业的劳动力成本、农业的劳动力成本、从事非农劳动的成本(机会成本);产出价格包括林产品的产出价格和农产品的产出价格。以上均用指数来表示。

OC:家庭和村庄特征。Mercer 和 Pattanayak③ 发现,森林管理者的特征可以用来预测其对林业投入的倾向或对公共政策和方案的反

---

①　Dewees P A.Trees on farms in Malawi:private investment,public policy,and farmer choice[J].World Development,1995,23 (7):1085-1102.

②　Cubbage F,Snider A,Abt K,et al.Private forests:management and policy in a market economy[M].London:Forests in a Market Economy,2003.

③　Mercer D E,Pattanayak S K.Agroforestry adoption by smallholders[M].London:Forests in a Market Economy,2003.

应。森林管理者对这些政策和方案的反应最终会表现在市场价格和政策因素等变量上。而森林管理者的这些特征包括家庭年收入、村平均农业补贴、家庭劳动力规模等指标。

TEN：界定产权的制度安排。正如 Besley[①] 所表明的那样，有保障的林地使用权的激励可以使林地作为贷款的抵押品，并鼓励林农将林地转让给更成功的管理者。赎买政策对农村家庭林业劳动投入和生产支出的影响通常是积极的，特别是家庭使用林地作为贷款的抵押，以及签署赎买政策的合同，提高了林业生产性投入。这一变量包括家庭是否使用林地作为贷款抵押、家庭是否签署赎买政策合同等指标。

RP：森林管理的相关激励因素（财政激励）。财政激励是可持续森林资源管理最重要的问题之一，是中国森林部门经济增长和发展的必要条件。财政激励改善了林业的市场条件，从而增加了农村增长和发展的潜力。这一变量包括家庭是否有森林保险、家庭是否收到造林和再造林补贴等指标。

FL：家庭拥有的林地面积。其规模显然会影响到家庭投入的林业劳动和生产支出。

L：家庭投入的林业劳动（因变量）。

K：家庭林业生产性投入（因变量）。

5.3.2　变量的描述性统计

为更好地了解建模前模型变量数值的大致情况，笔者将初步整理的数据输入 stata17 软件，并执行"asdoc sum"命令，输出如表 5-2 所示变量描述性统计表。

---

① Besley T.Nonmarket institutions for credit and risk sharing in low-income countries[J].Economic Perspect，1995(3)：115-128.

表 5-2　重点生态区位商品林赎买政策对林业生产性投入影响变量描述性统计

变量	样本量	平均数	标准差	最小值	最大值
L	1792	204.594	227.200	0.000	1320
K	1756	14353.598	75365.983	0.000	2000000
MF_1	1792	1206.043	65.277	1107.380	1278.380
MF_2	1792	100.025	2.077	97.800	103.400
MF_3	1792	101.1	4.325	93.983	104.868
MF_4	1792	122.973	10.531	104.210	200.120
MF_5	1792	108.625	6.522	98	120.100
OC_1	1783	61361.271	153981.760	0.000	1000000
OC_2	1792	72.463	27.548	28	380
OC_3	1755	2.806	1.320	0.000	20
TEN_1	1792	0.554	0.497	0.000	1
TEN_2	1792	0.399	0.490	0.000	1
RP_1	1792	0.387	0.487	0.000	1
RP_2	1792	0.500	0.500	0.000	1
FL	1787	134.392	492.343	0.000	9000
t	1792	2017.25	2.587	2014	2021

由表 5-2 可知,样本数共有 1792 个,时间跨度为 2014 年至 2021 年,由于存在缺失值,一些变量的样本数小于 1792 个。其中 MF_1、MF_2、MF_3、MF_4、MF_5 分别代表木材价格指数、农产品价格指数、非农就业工资指数、农业的劳动力成本指数、林业的劳动力成本指数;OC_1、OC_2、OC_3 分别代表家庭年收入、村平均农业补贴、家庭劳动力规模;TEN_1、TEN_2 分别代表家庭是否使用林地作为贷款抵押、家庭是否签署赎买政策的合同;RP_1、RP_2 分别代表家庭是否参加森林保险、是否收到造林/再造林补贴;FL 代表家庭拥有的林地面积;L 代表家庭投入的林业劳动;K 代表家庭林业生产性支出(投入)。

5.4　重点生态区位商品林赎买对森林生态保护影响的实证

　　为详细了解重点生态区位商品林赎买政策对森林生态保护的影响，本节采用具有聚类稳健标准误差的固定效应模型估计重点生态区位商品林赎买政策对林业生产性投入的影响，这里有一个假设前提，即林业生产性投入的变化和森林生态保护有严格的正相关关系。采用具有聚类稳健标准误差的固定效应模型的原因在于任何家庭或村庄都可能有合理但不明确的相似之处，同时也存在不随时间变化的因素，因此采用的固定效应模型既有家庭和村庄的固定效应，又有时间的固定效应。为消除量纲的影响，对价格型变量均取对数，这里涉及木材价格指数（MF1）、农产品价格指数（MF2）、非农就业工资指数（MF3）、农业的劳动力成本指数（MF4）、林业的劳动力成本指数（MF5）、家庭年收入（OC1）、村平均农业补贴（OC2）、家庭劳动力规模（OC3）、家庭拥有的林地面积（FL）。取对数后，分别为 lnMF1、lnMF2、lnMF3、lnMF4、lnMF5、lnOC1、lnOC2、lnOC3、lnFL。

5.4.1　模型构建

　　根据前文的理论假设及其阐述，建立以下两个模型：

$$L_{it} = \beta_0 + \sum_{p=1}^{p}\beta_{1p}\mathrm{MF}_{itp} + \sum_{q=1}^{q}\beta_{2q}\mathrm{TEN}_{itq} + \sum_{k=1}^{k}\beta_{3k}\mathrm{RP}_{itk} + \sum_{l=1}^{l}\beta_{4l}\mathrm{OC}_{itl} +$$
$$\beta_5\mathrm{FL}_{it} + f_i^1 + c_t^1 + \varepsilon_{it}^1 \tag{5-4}$$

$$K_{it} = \beta_0 + \sum_{p=1}^{p} \beta_{1p} \mathrm{MF}_{itp} + \sum_{q=1}^{q} \beta_{2q} \mathrm{TEN}_{itq} + \sum_{k=1}^{k} \beta_{3k} \mathrm{RP}_{itk} + \sum_{l=1}^{l} \beta_{4l} \mathrm{OC}_{itl} +$$
$$\beta_5 \mathrm{FL}_{it} + f_i^1 + c_t^1 + \varepsilon_{it}^1 \tag{5-5}$$

其中 L_{it}、K_{it} 分别是家庭 i 在时间 t 时投入的林业劳动和林业生产支出，FL_{it} 为家庭 i 在时间 t 时的林地面积，f_i^1 是一个不可观测的、时间不变的家庭和村庄的特定效应，c_t^1 表示时间固定效应，ε_{it}^1 是误差项。

5.4.2 分析及结论

运用 stata17 软件，将整理后的面板数据去除缺失值后，再用模型对数据进行拟合得出如表 5-3 所示统计表。

表5-3 重点生态区位商品林赎买政策对林业劳动影响（固定效应）拟合统计表

$\ln L$	系数	标准差	t 值	P 值	[95%置信区间]	显著性
$\ln\mathrm{MF}_1$	1.820	0.366	4.97	0.000	[1.101, 2.540]	***
$\ln\mathrm{MF}_2$	−3.414	1.309	−2.61	0.009	[−5.987, −0.841]	***
$\ln\mathrm{MF}_3$	−2.160	0.442	−4.88	0.000	[−3.029, −1.290]	***
$\ln\mathrm{MF}_4$	−0.264	0.138	−1.92	0.056	[−0.536, 0.007]	*
$\ln\mathrm{MF}_5$	0.374	0.229	1.63	0.104	[−0.077, 0.825]	
$\ln\mathrm{OC}_1$	0.006	0.024	0.25	0.802	[−0.041, 0.053]	
$\ln\mathrm{OC}_2$	0.009	0.047	0.20	0.844	[−0.083, 0.102]	
$\ln\mathrm{OC}_3$	0.083	0.092	0.90	0.369	[−0.098, 0.264]	
TEN_1	0.017	0.013	1.28	0.202	[−0.009, 0.044]	
TEN_2	0.083	0.022	3.78	0.000	[0.040, 0.127]	***
RP_1	−0.079	0.030	−2.60	0.010	[−0.139, −0.019]	***
RP_2	0.017	0.028	0.61	0.544	[−0.038, 0.072]	
$\ln\mathrm{FL}$	0.081	0.064	1.27	0.204	[−0.044, 0.207]	

续表

lnL	系数	标准差	t 值	P 值	[95% 置信区间]	显著性
Constant	16.256	6.545	2.48	0.013	[3.389,29.123]	**
因变量均值			4.435	因变量标准差		1.625
R 方			0.736	样本数量		1569
F 检验			13.746	Prob>F		0.000
Akaike 准则			−441.354	Bayesian 准则		−371.698

注: *** $p<0.01$, ** $p<0.05$, * $p<0.1$。

根据表 5-3 所示拟合结果统计可知 R 方为 0.736, F 检验值为 13.746, 整体模型 P 值为 0.000, 说明模型拟合效果较好。对拟合结果具体分析如下:

(1)木材价格指数($\ln MF_1$), 系数为 1.820, 说明木材价格与林业劳动有正相关的关系。木材价格上涨则林业劳动增加, 该变量在 $p<0.01$ 的水平上显著, 这一结论与实际情况相符。

(2)农产品价格指数($\ln MF_2$), 系数为 −3.414, 说明农产品价格与林业劳动有负相关的关系。农产品价格上涨则林业劳动减少, 这主要是因为农产品是林产品的替代品, 替代品价格上升导致农户家庭在分配劳动时更多地投入到农业, 这使得分配在林业的劳动量下降, 与基本的经济理论和实际情况相符。该变量在 $p<0.01$ 水平上显著。

(3)非农就业工资指数($\ln MF_3$), 系数为 −2.160, 说明非农就业工资与林业劳动有负相关的关系。非农劳动工资上涨则林业劳动减少, 这主要是因为如果非农劳动可以获取更多的收入, 林农则可能更多地寻找非农劳动的机会, 而减少其从事林业劳动的时间。该变量在 $p<0.01$ 的水平上显著。

(4)农业的劳动力成本指数($\ln MF_4$), 系数为 −0.264, 说明农业的劳动力成本与林业劳动有负相关的关系。这说明如果从事农业可以获取更多的收入, 则林农可能在当地受雇于农业, 或更多地从事自家的农业劳动, 同时相应地减少林业劳动。该变量在 $p<0.1$ 的水平上显著。

（5）林业的劳动力成本指数（$lnMF_5$），系数为0.374，说明林业的劳动力成本与林业劳动有正相关关系。这说明如果林业劳动成本上升则可能导致林农增加从事自家林业劳动的时间，这可以更多地节省雇佣林业劳动付出的成本，但该变量无法通过显著性检验，这可能和调研获取的数据完整性有关。

（6）家庭年收入（$lnOC_1$），系数为0.006，说明家庭年收入与林业劳动有微弱的正相关关系。家庭收入的增加可能促进林业劳动的增加，但该变量无法通过显著性检验，这可能和调研获取的数据完整性有关。

（7）村平均农业补贴（$lnOC_2$），系数为0.009，说明村平均农业补贴与林业劳动有微弱的正相关关系，但该变量无法通过显著性检验，这可能和调研获取的数据完整性有关。

（8）家庭劳动力规模（$lnOC_3$），系数为0.083，说明家庭劳动力规模与林业劳动有正相关关系。劳动力多的家庭从事林业劳动的数量也将增加，这和实际相符，但该变量无法通过显著性检验，这可能和调研获取的数据完整性有关。

（9）家庭是否使用林地作为贷款抵押（TEN_1），系数为0.017，说明该变量与林业劳动有正相关关系。家庭使用林地作为抵押贷款，说明有保障的林地使用权的激励可以使林地作为贷款的抵押品，这将激励家庭林业劳动的投入。

（10）家庭是否签署赎买政策的合同（TEN_2），系数为0.083，说明该变量与林业劳动有正相关关系。家庭签署赎买政策的合同，体现的是对产权的保障，这一激励将促使家庭投入的林业劳动增加。该变量在$p < 0.01$的水平上显著。

（11）家庭是否参加森林保险（RP_1），系数为-0.079，说明该变量与林业劳动有负相关的关系。家庭参加森林保险将减少其投入的林业劳动。该变量在$p < 0.01$的水平上显著。

（12）是否收到造林/再造林补贴（RP_2），系数为0.017，说明该变量与林业劳动有正相关关系,家庭收到造林/再造林补贴显然会增加其投入林业劳动的积极性。

(13)家庭拥有的林地面积(lnFL),系数为 0.081,说明该变量与林业劳动有正相关关系。家庭拥有的林地面积越大则投入的林业劳动越多,与实际相符。

为进一步验证重点生态区位商品林赎买政策对林业生产性支出的影响,运用 stata17 软件将对整理后的面板数据去除缺失值后,再使用模型对数据进行拟合得出表 5-4。

表 5-4　重点生态区位商品林赎买政策对林业生产性支出影响拟合统计表

lnK	系数	标准差	t 值	P 值	[95％置信区间]	显著性
$lnMF_1$	10.125	1.472	6.88	0.000	[7.225,13.026]	***
$lnMF_2$	−20.247	2.836	−7.14	0.000	[−25.834,−14.660]	***
$lnMF_3$	−11.440	1.738	−6.58	0.000	[−14.864,−8.016]	***
$lnMF_4$	−0.050	0.340	−0.15	0.883	[−0.721,0.621]	
$lnMF_5$	0.451	0.623	0.72	0.470	[−0.777,1.679]	
$lnOC_1$	−0.040	0.031	−1.30	0.196	[−0.100,0.021]	
$lnOC_2$	−0.021	0.079	−0.26	0.792	[−0.176,0.134]	
$lnOC_3$	0.141	0.072	1.97	0.051	[0.000,0.283]	*
TEN_1	−0.035	0.028	−1.27	0.207	[−0.090,0.019]	
TEN_2	−0.087	0.046	−1.90	0.059	[−0.177,0.003]	*
RP_1	0.113	0.051	2.20	0.029	[0.012,0.214]	**
RP_2	0.010	0.034	0.31	0.759	[−0.056,0.077]	
lnFL	0.220	0.102	2.17	0.031	[0.020,0.421]	**
Constant	80.764	12.548	6.44	0.000	[56.043,105.485]	***
因变量均值			8.867	因变量标准差		1.512
R 方			0.646	样本数量		882
F 检验			53.171	Prob>F		0.000
Akaike 准则			222.581	Bayesian 准则		284.750

注:*** $p<0.01$,** $p<0.05$,* $p<0.1$。

根据上述拟合结果统计表可知 R 方为 0.646，F 检验值为 53.171，整体模型 P 值为 0.000，说明模型拟合效果较好。对拟合结果具体分析如下：

（1）木材价格指数（$\ln MF_1$），系数为 10.125，说明木材价格与林业生产性支出有正相关的关系。木材价格上涨则林业生产性支出增加，因为木材价格上涨会刺激林业的生产，该变量在 $p < 0.01$ 的水平上显著，这一结论与实际情况相符。

（2）农产品价格指数（$\ln MF_2$），系数为 -20.247，说明农产品价格与林业生产性支出有负相关的关系。农产品价格上涨则林业生产性支出减少，这主要是因为农产品是林产品的替代品，替代品价格上升导致农户家庭更多投入到农业生产，使得林业生产性支出减少，这与基本的经济理论和实际情况相符。该变量在 $p < 0.01$ 水平上显著。

（3）非农就业工资指数（$\ln MF_3$），系数为 -11.440。说明非农就业工资与林业生产性支出有负相关的关系。非农就业工资上涨则林业劳动减少，林业生产性支出相应减少。这主要是因为如果非农劳动可以获取更多的收入，林农则可能更多地寻找非农劳动的机会，而减少其林业生产性支出，该变量在 $p < 0.01$ 的水平上显著。

（4）农业的劳动力成本指数（$\ln MF_4$），系数为 -0.050，说明农业的劳动力成本与林业生产性支出有负相关的关系。这说明如果从事农业可以获取更多的收入，则林农可能在当地受雇于农业，或更多地从事自家的农业劳动，同时相应地减少林业劳动和林业生产性支出。

（5）林业的劳动力成本指数（$\ln MF_5$），系数为 0.451，说明林业的劳动力成本与林业生产性支出有正相关关系。这说明如果林业劳动成本上升则可能导致林农增加从事自家林业劳动的时间并投入更多的资源在林业生产上，但该变量无法通过显著性检验，这可能和调研获取的数据完整性有关。

（6）家庭年收入（$\ln OC_1$），系数为 -0.040，说明家庭年收入与林业生产性支出有微弱的负相关关系，但该变量无法通过显著性检验，这可能和调研获取的数据完整性有关。

（7）村平均农业补贴（$\ln OC_2$），系数为 -0.021，说明村平均农业补贴与林业生产性支出有负相关关系，但该变量无法通过显著性检验，这可能和调研获取的数据完整性有关。

（8）家庭劳动力规模（$\ln OC_3$），系数为 0.141，说明家庭劳动力规模与林业生产性支出有正相关关系。劳动力多的家庭从事林业劳动的数量将增加，同时也将增加林业生产性支出，这和实际相符。该变量在 $p < 0.1$ 的水平上显著。

（9）家庭是否使用林地作为贷款抵押（TEN_1），系数为 -0.035，说明该变量与林业生产性支出有负相关关系。家庭使用林地作为贷款抵押，说明有保障的林地使用权的激励可以使林地作为贷款的抵押品，但这将减少家庭的林业生产性支出。该变量无法通过显著性检验。

（10）家庭是否签署赎买政策的合同（TEN_2），系数为 -0.087，说明该变量与林业生产性支出有负相关关系。家庭签署赎买政策的合同，体现的是对产权的保障，但签署完赎买政策合同后家庭可能减少对林业的生产性支出。该变量在 $p < 0.1$ 的水平上显著。

（11）家庭是否参加森林保险（RP_1），系数为 0.113，说明该变量与林业生产性支出有正相关的关系。家庭参加森林保险将提高其林业生产性支出。该变量在 $p < 0.05$ 的水平上显著。

（12）是否收到造林/再造林补贴（RP_2），系数为 0.010，说明该变量与林业生产性支出有正相关关系，家庭收到造林/再造林补贴显然会增加其林业生产性支出的积极性。

（13）家庭拥有的林地面积（$\ln FL$），系数为 0.220，说明该变量与林业生产性支出有正相关关系，家庭拥有的林地面积越大则林业生产性支出越多，与实际相符。该变量在 $p < 0.05$ 的水平上显著。

5.5 本章小结

　　根据本章的研究,重点生态区位商品林赎买政策有效地促进了森林生态保护,从宏观机理来看,商品林赎买政策通过促进可持续林业经营管理和增加林业生产性投入等方式,推动了森林生态保护目标的实现。同时重点生态区位商品林赎买政策从总体上看增加了林业劳动的数量和林业生产性支出,这两方面促使了在重点生态区位商品林赎买政策背景下林业生产性投入的提高,这其中包含对非重点生态区位商品林的投入,并因此而增加森林生态保护行为,进而有效保护了森林的生态。而林业生产性投入的提高主要来源于四个方面,分别为市场因素(MF)、家庭因素(OC)、制度因素(TEN)和政策因素(RP)。在这些因素的共同作用下,重点生态区位商品林赎买政策体现出有效的森林生态保护效应。通过固定效应模型的建立和拟合分析,重点生态区位商品林赎买政策对林业劳动投入和林业生产支出的影响通常是积极的,这可能是由于重点生态区位商品林赎买政策将林农拥有的小块林地(破碎化的林地)集中到一起,提高了生产和管理的效率。同时,有效农林市场的建立将通过木材价格、农产品价格、非农就业工资、农业劳动力成本和林业劳动力成本等市场价格的变化影响林业生产性投入;家庭和村庄固有的特征和其获取的农业补贴等因素也将影响林业生产性投入;体现增强产权的制度因素如利用家庭拥有的林地作为贷款抵押的机会将具体影响其对林业生产的要素投入;一些财政激励措施如森林保险、造林/再造林补贴等政策的实施也将进一步鼓励林农家庭的林业生产性投入。在上述因素的共同作用下,重点生态区位商品林赎买政策提高了林业生产性投入,进而增加了森林生态保护行为,同时促进了森林生态保护。

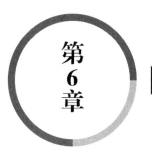

第**6**章 ▶ 林农生计及森林生态
保护权衡关系研究

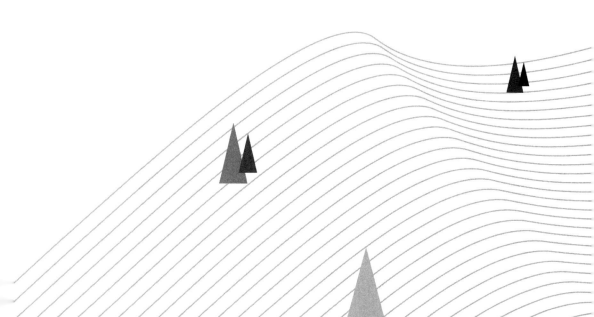

森林生态效益补偿要达到预期的森林生态保护效果,林农生计在其间扮演了重要的角色。在确保林农提高收入、确保收入更为平等的前提下,提高森林生态保护效果,是理论研究的重点和难点,也是实践过程中的瓶颈。因此,本书要探讨区域生态补偿机制的有效性,探讨其公平和效率的权衡问题,力图论证林农生计和森林生态保护的目标均衡可以达到。

本章的研究基于以下思路:第一,区域生态补偿机制——重点生态区位商品林赎买改变了林农生计,林农生计的改变又影响了森林生态保护;第二,区域生态补偿机制——重点生态区位商品林赎买促进了森林生态保护,森林生态保护又进一步改变了林农生计。也就是说,在重点生态区位商品林赎买政策背景下,林农生计和森林生态保护的关系是双向的。基于上述分析,利用基于反事实的政策评估双重差分(DID)计量经济模型研究林农生计变化对森林生态保护的影响。第4章着重论述了重点生态区位商品林赎买政策对林农生计的影响,第5章着重论述了重点生态区位商品林赎买政策对森林生态保护的影响,而林农生计和森林生态保护之间的关系将是本章的研究重点,并以此来构建本书研究的闭环结构。

6.1　研究假说

　　重点生态区位商品林赎买政策要达到的目标主要有两个：一个是林农生计的改善，一个是森林生态保护效果的提升。这两个目标应该是相辅相成的，而不是此消彼长的。林农生计的改善涉及的是政策的社会经济效益，而森林生态保护效果的提升涉及的是政策的环境生态效益，只有社会经济效益和环境生态效益同时达到，重点生态区位商品林赎买政策的实施才算有效。根据第 1 章的研究结论，重点生态区位商品林赎买政策的实施必须满足 PES 项目的"额外性"目标，也就是与基线相比，森林生态保护（生态系统服务供给）有显著的提高。任何 PES 项目的一个基本问题是它提供"额外性"的能力[①]。关于额外性，有两个问题必须引起重视——逆向选择和道德风险。在生态系统服务（ecosystem services，ES）提供者中选择不利的参与者是 PES 实施无效的主要原因。即使在没有付款的情况下，也会有满足项目条件的潜在参与人倾向于自我选择进入项目，并减少 PES 的额外性。逆向选择是由于基本信息不对称造成的：项目实施者通常不知道潜在的 PES 参与者是否会在没有付款的情况下保护或增强生态系统服务。项目参与者之间的不遵守行为（道德风险）也可能损害项目参与者的额外性，特别地，如果监测费用高昂，合规将带来高机会成本[②]。关于

---

　　①　Wunder S. The efficiency of payments for environmental services in tropical conservation[J]. Conservation Biology，2007，21(1)：48-58.

　　②　Hanley N，White B. Incentivizing the provision of ecosystem services[J]. International Review of Environmental and Resource Economics，2014，7(34)：299-331.

额外性的问题,可用图 6-1[①] 表示。

如图 6-1 所示,x 轴表示生态系统服务的供给量,y 轴表示价格。最低可接受付款水平等于给定相应生态系统服务供给所产生的机会成本、交易成本、风险等的总和。在给定 PES 付款水平的情况下,可以得出一个给定的额外性水平(由机会成本高于零的生态系统服务提供者的份额表示)。可以看出,当交易成本、机会成本或风险上升时,最低可接受付款水平线上移,额外性水平线将下降,生态系统服务的供给将减少。当然,任何其他提高最低可接受付款水平的因素(如内在动机和意愿的改变)都会对 PES 的额外性产生负面影响,降低同等 PES 付款水平下生态系统服务的供给,降低 PES 项目的成效。因此作为区域生态效益补偿机制的重点生态区位商品林赎买政策的实施是否能满足其"额外性"呢?这里赎买政策的定价标准显然关系到林农生计和森林生态保护之间的平衡。在做实证研究前提出如下假说:生态区位商品林赎买政策实施背景下,林农生计和森林生态保护同时改善。本章研究采用基于反事实的政策评估双重差分(DID)计量经济模型进行研究。

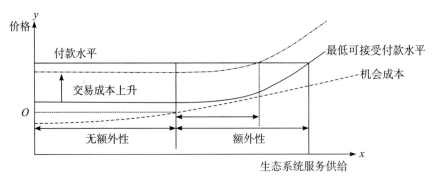

图 6-1　生态系统服务供给(森林生态保护)假设图

---

① 程秋旺,于赟,俞维防,等.不同生计策略类型对农户林种选择意愿的影响研究:基于福建省 477 户农户调查数据[J].生态经济,2021,37(3):119-124,131.

6.2 数据来源、变量选取及描述性统计

本章的数据全部来源于实地调研收集的数据,具体的变量选取见表 6-1。

表 6-1 林农生计变化对森林生产性投入影响的变量及其含义统计表

变量	含义	变量	含义
Y_{it}	森林生产性支出(元)	Z_3	户主受教育年限
T_t	赎买政策实施前取值为 0,实施后取值为 1	Z_4	家庭成员是否有村干部
D_i	是否参与赎买政策,是=1,否=0	Z_5	家庭拥有的林地面积
X_{it}	林农家庭年度总收入(元)	Z_6	林地到房屋的平均距离
Z_1	家庭规模(人)	Z_7	林地到道路的平均距离
Z_2	家庭 16 周岁(含)以上人数(人)	Z_8	平均林地坡度

由于要研究的是重点生态区位商品林赎买政策背景下林农生计与森林生态保护的关系,因此整个研究包含以下变量:

(1)森林生产性支出 Y_{it}。该变量设定为因变量。

(2)时间虚拟变量 T_t。由于调研的时间跨度为 2014 年至 2021 年,因此设定该变量在赎买政策实施前取值为 0,赎买政策实施后取值为 1。

(3)参与赎买政策虚拟变量 D_i。若样本个体有参与赎买政策取值为 1,若样本个体没有参与赎买政策取值为 0。

(4)林农家庭年度总收入 X_{it}。该变量为核心因变量。

（5）家庭人口统计特征控制变量。如表 6-1，为消除家庭人口统计特征所带来的计量结果偏误，设置家庭人口统计特征控制变量，该变量包含家庭规模 Z_1、家庭 16 周岁（含）以上人数 Z_2、户主受教育年限 Z_3、家庭成员是否有村干部 Z_4 等 4 个指标。

（6）家庭土地特征控制变量。如表 6-1，为消除家庭林地特征所带来的计量结果偏误，设置家庭土地特征控制变量，该变量包含家庭拥有的林地面积 Z_5、林地到房屋的平均距离 Z_6、林地到道路的平均距离 Z_7、平均林地坡度 Z_8 等 4 个指标。

为更好地了解建模前模型变量数值的大致情况，将初步整理的数据输入 Stata17 软件，并执行"asdoc sum"命令，输出如表 6-2 所示变量描述性统计表。

表 6-2　林农生计变化对森林生产性投入影响的变量描述性统计表

变量	样本数	均值	标准差	最小值	最大值
Y_{it}	1756	14353.598	75365.983	0	2000000
X_{it}	1792	138631.960	576817.040	0	1000000
T_t	1792	2017	2.237	2014	2021
D_i	1792	0.201	0.401	0	1
Z_1	1792	4.725	1.639	1	11
Z_2	1792	3.853	1.327	0	10
Z_3	1792	2.219	0.924	0	8
Z_4	1788	0.472	0.499	0	1
Z_5	1792	136.268	414.591	0	5007
Z_6	1788	2.723	0.571	0	3
Z_7	1780	1457.510	2126.935	0	20000
Z_8	1776	3412.758	5052.089	0	50000

由统计表 6-2 可知，样本数共有 1792 个，涉及 448 个家庭数据，时间跨度为 2014 年至 2021 年，由于存在缺失值，一些变量的样本数小

于 1792 个。其中 Y_{it} 代表家庭林业生产性支出，X_{it} 代表林农家庭年度总收入，T_t 代表数据统计的时间点（运用模型进行拟合时将由相关命令转化为 0 或 1 的虚拟变量），D_i 代表是否参与重点生态区位商品林赎买政策，Z_1、Z_2、Z_3、Z_4、Z_5、Z_6、Z_7、Z_8 分别代表家庭规模、家庭 16 周岁（含）以上人数、户主受教育年限、家庭成员是否有村干部、家庭拥有林地面积、林地到房屋的平均距离、林地到道路的平均距离、平均林地坡度 8 个控制变量。

6.3　林农生计与森林生态保护关系实证

6.3.1　模型构建

如前文所述,为观察重点生态区位商品林政策下林农生计变化对森林生态保护的影响,因变量必须为衡量森林生态保护的变量。根据第五章的研究内容,选取林业生产性投入指标来代表森林生态保护,具体因变量定为林业生产性支出。自变量必须衡量受重点生态区位商品林赎买政策影响的林农生计指标,这里用林农收入来代表林农生计。随机选取调研地区没有参与赎买政策的林农家庭作为控制组,构建"反事实",选取调研地区参与赎买政策的林农家庭作为处理组,由于控制组和处理组在同一个调研地区随机分布,因此具备基于反事实构建 DID 模型的实践和理论基础。本节构建如下 DID 模型:

$$Y_{it} = \beta_0 + \beta_1 T_t + \beta_2 D_i + \beta_3 X_{it} + \beta_4 T_t \times D_i \times X_{it} + \sum_{j=1}^{8} \lambda_j \times Z_{ij} + \varepsilon_{it}$$

$$(6\text{-}1)$$

6.3.2　分析及结论

根据设计的 DID 模型在 Stata17 中输入命令进行拟合,需要说明的是其中价格型数据全部取对数(分别为:$\ln Y_{it}$、$\ln X_{it}$、$\ln Z_5$、$\ln Z_7$、$\ln Z_8$),使用命令"gen"定义交互项 $T_t * D_i * X_{it} = \mathrm{did}$,并分别使用回

归"reg"命令,得出表 6-3。

表 6-3　林农生计变化对森林生产性投入影响 DID 模型拟合结果统计表

$\ln Y_{it}$	系数	标准差	t 值	P 值	[95％置信区间]	显著性
$\ln X_{it}$	0.304	0.044	6.90	0.000	[0.217,0.390]	***
did	0.028	0.013	2.23	0.026	[0.003,0.053]	**
T_t	0.158	0.019	8.48	0.000	[0.122,0.195]	***
D_i	0.143	0.107	1.34	0.182	[−0.067,0.354]	
Z_1	0.043	0.037	1.16	0.248	[−0.030,0.115]	
Z_2	−0.175	0.049	−3.60	0.000	[−0.271,−0.080]	***
Z_3	−0.050	0.040	−1.23	0.218	[−0.129,0.029]	
Z_4	0.170	0.077	2.21	0.027	[0.019,0.320]	**
$\ln Z_5$	0.362	0.027	13.16	0.000	[0.308,0.416]	***
Z_6	0.127	0.066	1.93	0.053	[−0.002,0.256]	*
$\ln Z_7$	0.114	0.029	3.90	0.000	[0.056,0.171]	***
$\ln Z_8$	−0.012	0.031	−0.38	0.703	[−0.072,0.049]	
Constant	−315.658	37.612	−8.39	0.000	[−389.468,−241.847]	***
因变量均值			8.778	因变量标准差		1.437
R 方			0.692	样本数		994
F 检验			52.597	Prob>F		0.000
Akaike 准则			3073.295	Bayesian 准则		3137.018

注:*** $p<0.01$,** $p<0.05$,* $p<0.1$。

根据表 6-3,拟合模型的 R 方为 0.692,F 检验值为 52.597,P 值为 0.000,说明模型整体拟合效果良好。$\ln X_{it}$ 的系数为 0.304,并且在 $p<0.01$ 的水平上显著,说明如果林农家庭的年收入提高,则其林业生产性支出会增加,森林生态保护效果因此提升;交互项 did 的系数为 0.028,并且在 $p<0.05$ 的水平上显著,说明相较于没有参与重点生态区位商品林赎买政策的林农家庭,如果参与重点生态区位商品林赎买

政策的林农家庭年总收入提高则会带来林业生产性支出的相应增加，虽然增加的幅度不大。以上数据说明了如果林农生计改善则森林生态保护效果会提升，这也验证了林农生计和森林生态保护的正向相关关系。

6.4　林农生计与森林生态保护关系的进一步探究

前文从微观实证的角度论证了林农生计与森林生态保护的正向相关关系,从宏观角度来看,林农生计和森林生态保护也具有一定的正向逻辑联系,主要体现在林农生计的改善可以减少对森林的依赖、降低对森林的破坏,森林生态保护改善了林农生活环境、促使林农生计多样化等方面。

6.4.1　林农生计改善提升森林生态保护效果

根据前面的实证研究,重点生态区位商品林赎买政策实施以后,林农生计的改善提升了森林生态保护的效果,经过对调研访谈的梳理,这一作用主要表现在以下方面:(1)林农获取赎买补贴,增加收入,对森林的依赖降低,对森林的破坏减轻,森林生态保护效果得以提升;(2)参与赎买政策以后,劳动力从林业中解放出来,林农的非农劳动转移增加,一大部分林农选择到城市或城镇打工,就业结构不断改善,林农外出务工或者发展自营工商业积极主动寻求谋生出路,不再单纯依赖森林和林业,森林成片并统一经营管理,随着这一进程的推进,森林管理的整体效率提升,由此也提升了森林生态保护效果;(3)林农发展林下经济来提高收入,林下经济是指在林下进行的种植、养殖、采集、捕捞等经济活动,以充分利用林下资源,这种模式在增加林农收入的同时提升了森林生态保护效果;(4)林农发展特色农业,利用丰富的森林资源,种植各种经济作物,如茶叶、竹子等,一方面提高收入,另一方

面减少对森林的破坏,并进而提升森林生态保护效果。

6.4.2　森林生态保护改善林农生计

调研时发现林农生活环境存在一些问题,比如由于砍伐森林和过度开发,存在空气污染、水污染、土壤退化等问题。林区交通不便,基础设施较为落后,导致林农生活条件艰苦。此外,林农经济收入来源单一,总体上生活质量不高。赎买政策实施后,森林生态保护效果提升,一方面促进林农生计多样化,如生态旅游的施行、生态农业的推广提高了林农的收入水平,改善了其生计;另一方面,森林砍伐数量的下降,提升了林区的空气质量、土壤质量并进而改善了林农的生产生活环境。为增加对重点生态区位商品林的保护和管理,政府加大交通和基础设施的投入,也进一步改善了林区的生活环境,有效促进了林农生计的多样化提升。

6.5　本章小结

　　重点生态区位商品林赎买政策的实施有两个主要的政策目标:一个目标是林农生计的改善,解放林农的生产力和劳动力,并通过生态效益补偿给予林农经济上的激励;另一个目标是森林生态保护效果的提升,赎买政策最终促使有效的森林生态保护效应,政策的实施才算初步成功。本章主要基于反事实的政策评估双重差分(DID)计量经济模型,探讨重点生态区位商品林赎买政策背景下,林农生计和森林生态保护之间的正相关关系,说明林农生计改善会促进森林生态保护效果的提升,而森林生态保护效果的提升也会促进林农生计的改善,这是一个正循环。至此,本书研究的计量部分完成闭环。

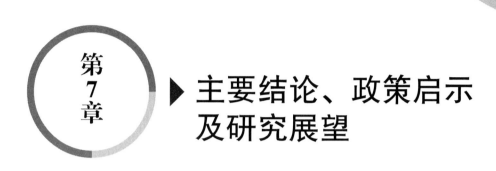

第7章 ▶ 主要结论、政策启示及研究展望

7.1　主要结论

本书研究的主要结论有：

第一，研究表明，相比于没有参与重点生态区位商品林赎买政策的林农，参与重点生态区位商品林赎买政策的林农，其生计有一定的改善，同时这种改善的路径来自重点生态区位商品林赎买政策所带来的促进劳动力转移和放松流动性约束的效应。实证研究证明了重点生态区位商品林赎买政策通过促使林农家庭劳动力由林业向非农劳动转移，提高了林农收入，改善了林农家庭生计。同时，重点生态区位商品林赎买政策通过赎买补贴等手段放松了林农家庭的流动性约束，并因此而提高了林农收入，改善了林农家庭生计。

第二，本书通过研究也发现林农就业结构改变中的物质资本和人力资本对非农就业所带来的异质性：赎买政策实施前流动性水平较低的家庭在参与重点生态区位商品林赎买政策并获得补偿以后，其流动性约束将比流动水平较高的家庭更为缓解，更容易获取非农就业的机会；赎买政策实施前教育水平较高的家庭在获得补偿时，其非农劳动力约束将比教育水平较低的家庭更为缓解，赎买政策实施前平均年龄较低的家庭在获得补偿时，其非农劳动力约束将比平均年龄较高的家庭更为缓解。

第三，重点生态区位商品林赎买政策实施的首要目标是森林生态保护，从宏观机理来看，商品林赎买政策通过促进可持续林业经营管理和提高林业生产性投入等方式，推动森林生态保护目标的实现。重点生态区位商品林赎买政策从总体上看增加了林业劳动的数量和林

业生产性支出,这两方面导致在重点生态区位商品林赎买政策背景下林业生产性投入的提高,其中也包含了对非重点生态区位商品林的投入,并因此而增加森林生态保护行为,进而有效保护森林的生态。

第四,实证研究发现,赎买政策实施以后林业生产性投入有了显著的增加,林农有更多的资金投入林业生产经营活动,而林业生产经营活动的加强,特别是林业生产性投入的增加,增强了森林生态保护行为并带来了森林生态保护效果的提升,政策的目标达到了。同时,研究也论证了林农生计的改善会提升森林生态保护效果,而森林生态保护效果的提升也会进一步促进林农生计的改善,这是一个正向循环。

7.2　政策启示

7.2.1　防范商品林赎买可能给林农家庭带来的风险传导效应

重点生态区位商品林赎买政策实施后可能给林农家庭带来一定的风险,如林农家庭可能面临商品林的经济价值无法实现、林农集体收益权受损、林农可持续生计遭到破坏等风险问题。政府应采取措施科学制定商品林赎买价格确保商品林赎买经济价值的实现并进而保障林农的利益。针对赎买可能给林农带来集体收益权受损的风险问题:一方面,政府应从理论层次上探索集体林权流转中所涉及的各种利益关系以及冲突根源;另一方面,应针对集体林权流转中存在的转出方与转入方、政府与生产经营者、生产经营者与生态受益者、集体与林农等四类主体之间的利益冲突,探索化解冲突的方法和基本思路。政府或村集体要提出有针对性的完善建议,用来平衡各方利益主体之间的责权利关系,切实消除赎买给林农带来的集体收益权受损风险;针对赎买后林农可能因为拥有的林地面积减少而带来的可持续生计风险,政府应在当地发展替代产业或积极引导和帮助林农找到可以维持生计的谋生方式,切实消除林农可持续性生计风险。

7.2.2　提升林农受教育水平并促进赎买后的非农劳动转移

重点生态区位商品林赎买通过林农家庭的非农劳动转移来提升

林农家庭的收入并改善其生计,但非农劳动转移效应具有因人力资本差异而带来的异质性,受教育程度较高的家庭非农劳动约束将因为赎买的实施而更为缓解。因而,为更好地改善林农生计,政府应增加对林区的教育投入,提升林农的教育水平。政府可以综合运用商品林赎买的专项资金,邀请技术人员对林农进行职业技能培训,提高林农的就业创业能力,提高林农的就业竞争力,增强林农可持续性生计能力,同时政府也应当加大林区基础教育的普及,改善林区的教育环境、教育设施和教育质量,全方位提升林区教育水平,并促进重点生态区位商品林赎买后的非农劳动转移,提升重点生态区位商品林赎买政策改善林农生计的效率。

7.2.3　完善商品林赎买激励机制进而提高林农赎买积极性

首先,政府应广泛征集林农的意见,充分了解林农赎买的意愿、林农的迫切需求以及不愿意赎买的主要原因。针对不同林农的不同诉求,制定相应的赎买政策,设置科学合理的生态补偿标准,为林农提供合理的生态补偿金额①。其次,应建立多元化的生态补偿模式,不应该只有资金补偿,还可以依靠政策支持、技术支持、岗位介绍等其他措施,以拓宽林农的经济收入渠道,减少林农对通过伐木获取经济收入的依赖。最后,应进一步建立健全已有的相关生态保护机制,如森林碳汇交易市场体系,使参与商品林生态保护的林农获得持续性收入,让广大林农享受到林业改革的红利,共享生态保护和林业建设的成果,从而调动广大林农造林育林的积极性和爱林护林的自觉性。

---

① Borner J,Baylis K,Corbera S,et al. The effectiveness of payments for environmental services[J]. World Development,2017,96:359-374.

7.2.4　多举措多渠道增强赎买后林农可持续性生计能力

重点生态区位商品林赎买政策实施以后,面对日益多样化的林农可持续生计风险,政府应不断创新生计风险管理的技术工具和手段,多举措多渠道增强赎买后林农家庭的可持续性生计能力。第一,政府应持续动态监测重点生态区位商品林赎买后的林农生计来源,搭建赎买林农人口动态信息库,实现对林农生计风险的动态管理,通过了解林农的生计状况并对其提供相应的就业信息帮助,从而降低政策执行风险的可能性;第二,政府应依托基层组织的信息网络,建立固定信息传递渠道,进一步完善林农生计风险双向沟通机制,及时收集和总结赎买后林农的信息反馈,从而确保选择商品林赎买的林农能够便捷反映他们面临的风险;第三,政府应及时出台配套政策和措施保障商品林赎买后林农家庭的可持续生计,消除林农家庭商品林赎买的后顾之忧,提升商品林赎买政策的效率,让重点生态区位商品林赎买政策真正有效实现其"生态得保护,林农得利益"的政策目标。

7.3　研究展望

本书所涉重点生态区位商品林赎买研究还有待在以下方面进行深入。

7.3.1　进一步探讨赎买政策带来的收入不平等效应

由于调研数据的局限,本书所涉研究原定计划用基尼系数研究框架来探讨重点生态区位商品林赎买政策是否会带来林农收入的不平等,由此来观察重点生态区位商品林赎买政策的公平与效率权衡,这一意图没有实现。如前所述,公平与效率的权衡具有一定的经济学理论范式,其可以很好地用在本研究上。在国际上,关于 PES 的公平与效率权衡问题的研究有很多,涉及 PES 的成效研究[①]、重点林业项目对农村收入不平等的研究[②]、森林保护项目的激励措施的成本效益和公平效应[③]、探讨公平与效率的概念方法[④]、低收入农民是否受益于中

---

①　Liu T,Liu C,Wang S,et al.Did the Key Priority Forestry Programs affect income inequality in rural China? [J].Land Use Policy,2014,38:264-275.

②　Borner J,Wunder S,Giudice R.Will up-scaled forest conservation incentives in the Peruvian Amazon produce cost-effective and equitable outcomes? [J].Environmental Conservation,2016,43(4):407-416.

③　Unai P,Roldan M,Luis C,et al.Exploring the links between equity and efficiency in payments for environmental services:A conceptual approach[J].Ecological Economics,2010,69:1237-1244.

④　Uchida E.Are the poor benefiting from China's land conservation program? [J].Environment and Development Economics,2007,12:593-620.

国的土地保护计划[①]、生态系统服务付费的绩效和前景[②]、PES 对中国农村家庭收入分配不平等的影响[③]等。基尼系数的分析框架应用到重点生态区位商品林赎买的研究需要有大量的数据并投入大量的人力、物力,这是本书研究的局限所在,不过也提醒我们未来应进一步探讨重点生态区位商品林赎买政策的公平和效率问题,这涉及重点生态区位商品林赎买政策的成效,是一个很好的研究方向。

7.3.2　使用社会—生态系统分析框架(SES)进行研究

对生态系统关键方面的干扰,包括生物多样性丧失、气候变化、污染和自然资源退化,已成为许多政策分析人员的主要关注点。然而,社会科学家不是从生物复杂性的研究中学习,而是倾向于推荐简单的"万能药",特别是简单地提倡"政府或私人所有",作为解决这些问题的"方法"。为了有效地维持生态系统,有必要超越经常推荐的简单"万能药",建立可用于进行严格研究并实现更好的政策分析的通用分析框架。[④][⑤] 因此,在研究森林问题时,关键不是研究森林治理的一般类型;相反,它是特定的治理安排如何适应当地生态和社会背景,具体

①　Wu Y,Liu W,Andres V,et al.Performance and prospects of payments for e-cosystem services programs:evidence from China[J].Journal of Environmental Management,2013,127:86-95.

②　Zhang Q,Bilsborrow R E,Song C H,et al.Rural household income distribution and inequality in China:effects of payments for ecosystem services policies and other factors[J].Ecological Economics,2019,160:114-127.

③　Hanna S,Munasinghe M.Property rights in a social and ecological context:case studies and design principles[M].USA:The Beijer International Institute of Ecological Economics and The World Bank,1995.

④　Brander J A,Taylor M S.Open access renewable resources:trade and trade policy in a two-country model[J].Journal of International Economics,1998,44:181-209.

⑤　赫红艳.社会生态系统框架研究述评[J].产业与科技论坛,2018,17(8):141-142.

规则如何随着时间的推移而制定和调整,以及相关方是否认为该治理是合法和公平的。对此,诺贝尔经济学奖获得者学埃莉诺·奥斯特罗姆教授于 2009 年在《科学》杂志提出的社会—生态系统分析框架(SES)为研究者提供了探索社会—生态系统中相互影响、紧密嵌套、复杂多变的自然与人类之间互动形式及其结果的基本分析工具[①]。SES主要由参与者组成的资源系统、资源单元、治理系统和社会系统等四个主要部分构成。重点生态区位商品林赎买政策属于生态环境保护领域的重要政策,政策的实施必然要适应当地的生态和社会背景,因而社会—生态系统分析框架(SES)可以提供一个新的和本书研究截然不同的视角。重点生态区位商品林构成了资源系统,而林农本身属于参与者即属于参与资源开采使用和维护的个人或群体,也就是资源单元,由赎买政策主导的整个赎买过程构成了治理系统(也就是制定的规则和程序等),行动者会围绕着开采使用资源和维护资源系统稳定,在治理系统的约束下,展开一系列的互动过程(interaction,I),产生一系列的结果(outcome,O),并由此对系统产生反馈效应(feedback)。这一互动过程(I)和结果产出(O)将人类系统和资源系统连接成一个整体,就构成了自然资源治理中的重点行动情境,因此也处于 SES 框架的最核心位置。奥斯特罗姆认为,资源(治理)系统只是嵌套于更大的社会系统和生态系统中的一个节点,必然受到社会、经济、政治、技术乃至气候、地理、生态等宏观背景因素的影响。根据上述分析,重点生态区位商品林赎买对林农生计及森林生态保护的影响可以用社会—生态系统分析框架进行探索,比如研究资源系统(重点生态区位商品林)、资源单元(林农)、治理系统(赎买)、社会系统(赎买的社会效益、经济效益、生态效益)之间的互动过程和结果产出,这是一个截然不同于本书研究的视角。

---

① Derissen S,Latacz-Lohmann U. What are PES? A review of definitions and an extension[J].Ecosystem Services,2013,6:12-15.

参考文献

[1]Engel S,Pagiola S,Wunder S.Designing payments for environmental services in theory and practice:An overview of the issues[J].Ecological Economics,2008,65:663-674.

[2]Gómez B E,Groot R D,Lomas P L,et al.The history of ecosystem services in economic theory and practice:From early notions to markets and payment schemes [J].Ecological Economics,2010,69:1209-1218.

[3]Muradian R,Corbera E,Pascual U,et al.Reconciling theory and practice:An alternative conceptual framework for understanding payments for environmental services[J].Ecological Economics,2010,69:1202-1208.

[4] Ferraro P J. The future of payments for environmental services [J]. Conservation Biology,2011,25(6):1134-1138.

[5]Fletcher R,Büscher B.The PES Conceit:Revisiting the relationship between payments for environmental services and neoliberal conservation [J]. Ecological Economics,2017,132:224-231.

[6]Jax K,Furman E,Saarikoski H,et al.Handling a messy world:Lessons learned when trying to make the ecosystem services concept operational[J].Ecosystem Services,2018,29:415-427.

[7]Liu Z Y,Gong Y Z,Kontoleon A.How do payments for environmental services affect land tenure? Theory and evidence From China [J]. Ecological Economics,2018,144:195-213.

[8]Sattler C,Matzdorf B.PES in a nutshell:From definitions and origins to PES in practice—Approaches, design process and innovative aspects [J]. Ecosystem Services,2013,6:2-11.

[9]Guirkinger C,Boucher S R.Credit constraints and productivity in Peruvian agriculture[J].Agricultural Economics,2008,39:295-308.

[10]Derissen S,Latacz L U.What are PES? A review of definitions and an extension[J].Ecosystem Services,2013,6:12-15.

[11]Salzman J,Bennett G,Carroll N,et al.The global status and trends of Payments for Ecosystem Services[J].Nature Sustainability,2018,1:136-144.

[12]Ezzine D B,Wunder S,Ruiz P M,et al.Global Patterns in the Implementation of Payments for Environmental Services[J].Plos One,2016,1:1-16.

[13]Vatn A.An institutional analysis of payments for environmental services[J].Ecological Economics,2010,69:1245-1252.

[14]Corbera E,Soberanis C G,Brown K.Institutional dimensions of Payments for Ecosystem Services:An analysis of Mexico's carbon forestry programme[J].Ecological Economics,2009,68:743-761.

[15]Pascual U,Muradian R,Rodríguez L C,et al.Exploring the links between equity and efficiency in payments for environmental services:A conceptual approach [J].Ecological Economics,2010,69:1237-1244.

[16]Schomers S,Matzdorf B.Payments for ecosystem services:A review and comparison of developing and industrialized countries[J].Ecosystem services,2013,6:16-30.

[17]Wünscher T,Engel S,Wunder S.Spatial targeting of payments for environmental services:A tool for boosting conservation benefits[J].Ecological Economics,2008,65:822-833.

[18]Song B,Zhang Y,Zhang L,et al.A top-down framework for cross-regional payments for ecosystem services[J].Journal of Cleaner Production,2018,182:238-245.

[19]Muradian R,Corbera E,Pascual U,et al.Reconciling theory and practice:An alternative conceptual framework for understanding payments for environmental services[J].Ecological Economics,2010,69:1202-1208.

[20]Persson U M.Conditional cash transfers and payments for environmental services—A conceptual framework for explaining and judging differences in outcomes [J].World Development,2013,43:124-137.

[21]Widicahyono A,Awang S A,Maryudi A,et al.Achieving sustainable ese of environment:a framework for payment for protected forest ecosystem service[J]. Earth and Environmental Science,2018,148:012-019.

[22]Hejnowicz A P,Raffaelli D,Rudd M A,et al.Evaluating the outcomes of payments for ecosystem services programmes using a capital asset framework[J]. Ecosystem Services,2014,9:83-97.

[23] Hernández M R,Olivera V S M.Payments for environmental services: between forest resource management and institutional building[J].Springer Nature, 2019,9:171-185.

[24]Zhang Y X,Min Q W,Bai Y Y,et al.Practices of cooperation for eco-environmental conservation (CEC) in China and theoretic framework of CEC:A new perspective[J].Journal of Cleaner Production,2018,179:515-526.

[25]Wunder S,Engel S,Pagiola S.Taking stock:A comparative analysis of payments for environmental services programs in developed and developing countries [J].Ecological Economics,2008,65:834-852.

[26]Pates N J,Hendricks N P.Additionality from Payments for Environmental Services with Technology Diffusion[J].Amer.J.Agr.Econ,2010,102 (1):281-299.

[27]Claassen R,Duquette E,Horowitz J.Additionality in agricultural conservation payment programs[J].Journal of Soil &. Water Conservation,2013,68:74-78.

[28] Yin R S,Rothstein D E,Qi J G,et al.Methodology for an integrative assessment of China's ecological restoration programs[J].ResearchGate,2016,1-281.

[29]Wunder S,Brouwer R,Engel S,et al.From principles to practice in paying for nature's services[J].Nature Sustainability,2018,1:145-150.

[30]Arriagada R,Villaseñor A,Rubiano E,et al.Analysing the impacts of PES programmes beyond economic rationale:Perceptions of ecosystem services provision associated to the Mexican case[J].Ecosystem Services,2018,29:116-127.

[31]Liang Y C,Li S Z,Feldman M W,et al.Does household composition matter? The impact of the Grain for Green Program on rural livelihoods in China[J].Ecological Economics,2012,75:152-160.

[32]Uchida E,Rozelle S,Xu J T.Conservation payments,liquidity constraints, and off-farm labor:impact of the grain-for-green program on rural households in China

[J].Amer.J.Agr.Econ,2009,91（1）:70-86.

[33]Do T H,Vu T P,Nguyen V T,et al.Payment for forest environmental services in Vietnam:An analysis of buyers' perspectives and willingness[J].Ecosystem Services,2018,32:134-143.

[34]Martino S D,Kondylis F,Zwager A.Protecting the environment:For love or money? The role of motivation and incentives in shaping demand for payments for environmental servicesPrograms[J].Public Finance Review,2016,1-29.

[35]Pattanayak S K,Wunder S,Ferraro P J.Show me the money:Do payments supply environmental services in developing countries? [J].Review of Environmental Economics and Policy,2010,4（2）:254-274.

[36]Zhai G F,Suzuki T.Public willingness to pay for environmental management, risk reduction and economic development:Evidence from Tianjin,China[J].China Economic Review,2008,19:551-566.

[37]Shogren J F,Hayes D J.Resolving Differences in Willingness to Pay and Willingness to Accept:Reply[J].Economics Publications,1997,87（1）:241-244.

[38]Sanchez A G A,Pfaff A,Robalino J A,et al.Costa Rica's payment for environmental services program: Intention, implementation, and impact［J］. Conservation Biology,2007,21（5）:1165-1173.

[39]Hanemann W M.Willingness to Pay and Willingness to Accept:How Much Can They Differ? [J].The American Economic Review,1991,81（3）:635-647.

[40]Li P,Chen M H,Zou Y,et al.Factors affecting inn operators'willingness to pay resource protection fees:A case of erhai lake in China[J].Sustainability,2018,1-23.

[41]Yin R S,Rothstein D,Qi J,et al.Methodology for an Integrative Assessment of China's Ecological Restoration Programs[J].ResearchGate,2016,1-281.

[42]Deng H B,Zheng P,Liu T X,et al.Forest Ecosystem Services and Eco-Compensation Mechanisms in China[J].Environmental Management,2011,48:1079-1085.

[43]Yin R S,Liu C,Zhao M J,et al.The implementation and impacts of China's largest payment for ecosystem services progra m as revealed by longitudinal household data[J].Land Use Policy,2014,40:45-55.

[44]He J,Sikor T.Notions of justice in payments for ecosystem services:Insights from China's sloping land conversion program in Yunnan Province[J]. Land Use Policy,2015,43:207-216.

[45]Yin R S,Yin G P,Li L Y.Assessing China's ecological restoration programs: What's been done and what remains to be done? [J].Environmental Management, 2010,45:442-453.

[46]Niu X, Wang B, Liu S, et al.Economical assessment of forest ecosystem services in China:Characteristics and implications[J].Ecological Complexity,2012,11: 1-11.

[47]Bennett M T, Mehta A, Xu J T.Incomplete property rights, exposure to markets and the provision of environmental services in China[J]. China Economic Review,2011,22:485-498.

[48]Yang W,Lu Q L.Integrated evaluation of payments for ecosystem services programs in China: a systematic review[J]. Ecosystem Health and Sustainability, 2018,4 (3):73-84.

[49]Zhen L,Zhang H Y.Payment for Ecosystem Services in China:An overview [J].Living Reviews in Landscape Research,2011,5 (2):1-22.

[50]Liu C,Liu H,Wang S. Has China's new round of collective forest reforms caused an increase in the use of productive forest inputs? [J].Land Use Policy,2017, 64:492-510.

[51]Liu C,Wang S,Liu H,et al.The impact of China's Priority Forest Programs on rural households' income mobility[J].Land Use Policy,2013,31:237-248.

[52] Jiang W. Ecosystem services research in China: A critical review [J]. Ecosystem Services,2017,26:10-16.

[53]Bennett M T.China's sloping land conversion program:Institutional innovation or business as usual? [J].Ecological Economics,2008,65:699-711.

[54]Liu Z Y, Gong Y Z, Kontoleon A. How do payments for environmental services affect land tenure? Theory and evidence from China [J]. Ecological Economics,2018,144:195-213.

[55]Yang W,Liu W,Viña A,et al.Performance and prospects of payments for ecosystem services programs: Evidence from China [J]. Journal of Environmental

Management,2013,127:86-95.

[56]Hoek J VD,Ozdogan M,Burnickic A,et al.Evaluating forest policy implementation effectiveness with a cross-scale remote sensing analysis in a priority conservation area of Southwest China[J].Applied Geography,2014,47:177-189.

[57]Gong Y Z,Bull G,Baylis K.Participation in the world's first clean development mechanism forest project: The role of property rights, social capital and contractual rules[J].Ecological Economics,2010,69:1292-1302.

[58]Corbera E,Soberanis C G,Brown K.Institutional dimensions of Payments for Ecosystem Services:An analysis of Mexico's carbon forestry programme[J].Ecological Economics,2009,68:743-761.

[59]Costanza R,Groot R D,Braat L,et al.Twenty years of ecosystem services: How far have we come and how far do we still need to go? [J].Ecosystem Services, 2017,28:1-16.

[60]Wu X T,Wang X,Fu B J,et al.Socio-ecological changes on the Loess Plateau of China after grain to green program[J].Science of the Total Environment,2019,678: 565-573.

[61] Hayes T, Murtinho F, Wolff H. An institutional analysis of Payment for Environmental Services on collectively managed lands in Ecuador [J]. Ecological Economics,2015,118:81-89.

[62] Mullan K, Kontoleon A, Swanson T, et al. When should households be compensated for land-use restrictions? A decision-making framework for Chinese forest policy[J].Land Use Policy,2011,28:402-412.

[63]Hejnowicz A P,Raffaelli D G,Rudd M A,et al.Evaluating the outcomes of payments for ecosystem services programmes using a capital asset framework[J]. Ecosystem Services,2014,9:83-97.

[64]D'Amato D,Rekola M,Li N,et al.Monetary valuation of forest ecosystem services in China:A literature review and identification of future research needs[J]. Ecological Economics,2016,121:75-84.

[65]Farley J,Filho A S,Burke M,et al.Extending market allocation to ecosystem services:Moral and practical implications on a full and unequal planet[J].Ecological Economics,2015,117:255-252.

［66］Suhardiman D，Wichelns D，Lestrelin G，et al. Payments for ecosystem services in Vietnam：Market-based incentives or state control of resources？［J］. Ecosystem Services，2013，6：64-71.

［67］Ostrom E.How types of goods and property rights jointly affect collective action［J］.Journal of Theoretical Politics，2003，15（3）：239-270.

［68］Wood S L R，Jones S K，Johnson J A，et al.Distilling the role of ecosystem services in the Sustainable Development Goals［J］.Ecosystem Services，2019，29：70-82.

附　录

问卷编号：_____

重点生态区位商品林赎买调查问卷

尊敬的女士/先生：

　　您好！我们是福建农林大学经济管理学院的学生，为了解重点生态区位商品林赎买对林农生计及森林生态保护影响情况，我们开展了关于重点生态区位商品林赎买对林农生计及森林生态保护影响的研究，目的是借以了解重点生态区位商品林赎买对林农生计的影响及其影响路径，以及对森林生产性投入的影响并以此考察其对森林生态保护的影响，同时了解林农生计和森林生态保护之间的关系，为重点生态区位商品林赎买政策的实施提供一些有价值的参考。

　　我们调查收集到的资料也将严格保密。另外，您的回答对我们的研究很重要，只要根据实际情况如实作答即可，填写时不要有任何顾虑。衷心感谢您的支持与配合！愿您生活愉快，合家安康！

调查时间：2022 年_____月_____日

所在地：南平市_____县(市)_____乡(镇)

_____村

您的姓名：_____　　电话：_____

1　农户及家庭基本情况

1.1　您是否为户主？(　　)A.是　　　　B.否

1.2 户主的年龄为_____周岁,户主的受教育年限为_____年(计算到 2021 年,下同)。

1.3 您的家庭成员共有_____人,其中 16 周岁(含)以上_____人,16 周岁以下_____人。

1.4 您的家庭是否有人担任村干部或担任过村干部?(   )

A.是   B.否

2 农户家庭土地特征情况

2.1 您家 2021 年共有农业用地面积_____亩,其中耕地面积_____亩,林地面积_____亩。

2.2 您家 2018 年共有农业用地面积_____亩,其中耕地面积_____亩,林地面积_____亩。

2.3 您家 2016 年共有农业用地面积_____亩,其中耕地面积_____亩,林地面积_____亩。

2.4 您家 2014 年共有农业用地面积_____亩,其中耕地面积_____亩,林地面积_____亩。

(注:农业用地指农业生产的土地,包括耕地、园地、林地、牧草地及其他农用地。)

2.5 您家林地的平均坡度为(   )。

A.小于 15°   B.15°～25°   C.大于 25°

2.6 您家林地到房屋的平均距离为_____米,林地到道路的平均距离为_____米。

2.7 您家是否有使用林地作为抵押进行贷款?(   )若有,最近的贷款年份是_____年。

A.是   B.否

2.8 您家是否参加森林保险?(   )若有,具体年份是____年。

A.是   B.否

2.9 您家是否获得造林补贴?(   )若有,具体年份是____年。

A.是　　　　　　B.否

3　农户参与重点生态区位商品林赎买情况

3.1　您家是否有参与重点生态区位商品林赎买？（　　　）（若选择"否"，则进入4）

A.是　　　　　　B.否

3.2　您家是否签署了商品林赎买的合同？（　　　）

A.是　　　　　　B.否

3.3　您家第一次参与重点生态区位商品林赎买是_____年，商品林赎买的面积为_____亩，赎买收入_____元，商品林赎买的时间总共_____年。

3.4　您家第二次参与重点生态区位商品林赎买是_____年，商品林赎买的面积为_____亩，赎买收入_____元，商品林赎买的时间总共_____年。

3.5　您家第三次参与重点生态区位商品林赎买是_____年，商品林赎买的面积为_____亩，赎买收入_____元，商品林赎买的时间总共_____年。

3.6　您家第四次参与重点生态区位商品林赎买是_____年，商品林赎买的面积为_____亩，赎买收入_____元，商品林赎买的时间总共_____年。

4　农户收入指标

4.1　您家2021年的总收入为_____元，其中林业收入_____元，农业收入_____元，非农收入_____元。

4.2　您家2018年的总收入为_____元，其中林业收入_____元，农业收入_____元，非农收入_____元。

4.3　您家2016年的总收入为_____元，其中林业收入_____元，农业收入_____元，非农收入_____元。

4.4　您家2014年的总收入为_____元，其中林业收入_____

元,农业收入_____元,非农收入_____元。

5 农户家庭劳动力分配情况

5.1 您家 2021 年共有劳动力_____人,其中从事非农劳动_____人。

5.2 您家 2021 年共有林业劳动_____人·天,农业劳动_____人·天,非农劳动_____人·天。

5.3 您家 2018 年共有劳动力_____人,其中从事非农劳动_____人。

5.4 您家 2018 年共有林业劳动_____人·天,农业劳动_____人·天,非农劳动_____人·天。

5.5 您家 2016 年共有劳动力_____人,其中从事非农劳动_____人。

5.6 您家 2016 年共有林业劳动_____人·天,农业劳动_____人·天,非农劳动_____人·天。

5.7 您家 2014 年共有劳动力_____人,其中从事非农劳动_____人。

5.8 您家 2014 年共有林业劳动_____人·天,农业劳动_____人·天,非农劳动_____人·天。

5.9 您家 2021 年非农劳动力的迁徙距离平均为_____公里。

5.10 您家 2018 年非农劳动力的迁徙距离平均为_____公里。

5.11 您家 2016 年非农劳动力的迁徙距离平均为_____公里。

5.12 您家 2014 年非农劳动力的迁徙距离平均为_____公里。

6 农户家庭生产性支出情况

6.1 您家 2021 年农业生产性支出为_____元。

6.2 您家 2018 年农业生产性支出为_____元。

6.3 您家 2016 年农业生产性支出为_____元。

6.4 您家 2014 年农业生产性支出为_____元。

6.5 您家 2021 年林业生产性支出为_____元。

6.6 您家 2018 年林业生产性支出为_____元。

6.7 您家 2016 年林业生产性支出为_____元。

6.8 您家 2014 年林业生产性支出为_____元。

6.9 您家 2021 年固定生产资料为_____元,耐用消费品为_____元。

6.10 您家 2018 年固定生产资料为_____元,耐用消费品为_____元。

6.11 您家 2016 年固定生产资料为_____元,耐用消费品为_____元。

6.12 您家 2014 年固定生产资料为_____元,耐用消费品为_____元。

7 农户所在村庄特征

7.1 您所在村 2021 年的人均总收入为_____元。

7.2 您所在村 2021 年农业劳动 1 天的报酬_____元,林业劳动 1 天_____元,非农劳动 1 天_____元。

7.3 您所在村 2018 年农业劳动 1 天的报酬_____元,林业劳动 1 天_____元,非农劳动 1 天_____元。

7.4 您所在村 2016 年农业劳动 1 天的报酬_____元,林业劳动 1 天_____元,非农劳动 1 天_____元。

7.5 您所在村 2014 年农业劳动 1 天的报酬_____元,林业劳动 1 天_____元,非农劳动 1 天_____元。

7.6 您所在村 2021 年农业补贴平均每亩为_____元。

7.7 您所在村 2018 年农业补贴平均每亩为_____元。

7.8　您所在村 2016 年农业补贴平均每亩为 _____ 元。

7.9　您所在村 2014 年农业补贴平均每亩为 _____ 元。

7.10　您所在村是否有水泥硬路面？（　　　）

A.是　　　　　　　　　B.否

7.11　您所在村的非农就业比例为 _____ ％。

7.12　您所在村到乡镇的距离为 _____ 公里。

8　商品林赎买政策认知与评价

8.1　您对商品林赎买政策了解吗？（　　　）

1＝非常了解、2＝比较了解、3＝了解、4＝不太了解、5＝非常不了解

8.2　您对商品林赎买政策实施流程了解吗？（　　　）

1＝非常了解、2＝比较了解、3＝了解、4＝不太了解、5＝非常不了解

8.3　您对商品林赎买价格的确定程序与标准了解吗？（　　　）

1＝非常了解、2＝比较了解、3＝了解、4＝不太了解、5＝非常不了解

8.4　您对商品林赎买中林木资产评估程序与方法了解吗？

1＝非常了解、2＝比较了解、3＝了解、4＝不太了解、5＝非常不了解

8.5　您认为当地的商品林赎买价格是否符合被赎买商品林的应有价格？（　　　）

1＝符合、2＝基本符合、3＝不太符合、4＝完全不符合

8.6　您对商品林赎买价格满意吗？（　　　）

1＝非常满意、2＝比较满意、3＝满意、4＝不太满意、5＝非常不满意

8.7　您对商品林赎买政策满意吗？（　　　）

1＝非常满意、2＝比较满意、3＝满意、4＝不太满意、5＝非常不满意

8.8　您认为商品林赎买政策能够起到保护森林资源、提升森林质量的作用吗？（　　　）

1＝能够、2＝不能够、3＝不清楚

8.9　您认为商品林赎买政策能够增加林农收入吗？（　　　）

1＝能够、2＝不能够、3＝不清楚

8.10　您认为商品林赎买政策能够激励林业经营者的积极性吗？
（　　）

1＝能够、2＝不能够、3＝不清楚

8.11　您认为商品林赎买政策能够保障林业经营者的权益吗？
（　　）

1＝能够、2＝不能够、3＝不清楚

填表说明：如有个别选项无符合您的标准答案，请在题目右侧备注您的答案。

后　记

　　时光飞逝,蓦然回首,沧海桑田。回望美丽的校园,点点群星伴月,阵阵书香扑鼻。难忘求知的岁月,难舍奋斗的芳华。几多不舍,几许沧桑,年华飞逝,鬓染云霜,然,年岁有加,并非垂老,青春不在年华,在心境、在奋斗、在求知。

　　热爱可抵岁月漫长,回想起 2003 年获厦门大学经济学学士学位、2006 年获厦门大学经济学硕士学位,至今已近 20 载。这期间不变的是对学问的孜孜以求,求学的过程是艰辛而幸福的,我始终相信"世上无难事,只要肯登攀",只有博观约取、厚积薄发,方能不负韶华。

　　记得,2018 年 9 月我于福建农林大学读博期间,第一次接触到林业经济的相关书籍,由于我硕士毕业以来一直关注区域经济与金融,对林业经济显得颇为外行。但在阅读国内外大量相关领域的文献之后,我了解到 2017 年正式实施的重点生态区位商品林赎买政策后,相关研究还不多,也不够系统,于是有了撰写本书的初衷。经过 5 年多的学习、研究,并在大量的实地调研和考察获取翔实数据的基础上,本书雏形渐成。

　　本书在写作过程中,困难重重,特别是在新冠疫情暴发期间,调研难度很大,但我在导师王文烂教授的鼎力支持下终于完成实地调研任务,为本书的最终出版打下坚实基础。在后续的写作过程中,我对调研结论反复推敲,力图真实还原重点生态区位商品林赎买政策的实施

对林农生计及森林生态保护影响的全貌。但,我的一己之力毕竟有限,书中错误难免,还望同行专家、读者不吝赐教。

吴庆春

2024 年 12 月于福建农林大学